山东耕地质量评价与应用丛书

东昌府耕地

姜　新　段法尧　主编

山东大学出版社

《东昌府耕地》编辑委员会

前言

耕地是人们获取粮食和其他农产品不可替代的生产资料。耕地地力的高低直接影响作物的生长发育、产量和品质，是确保农业可持续发展的重要物质基础。2005 年东昌府区被农业部确定为国家测土配方施肥项目区，根据 2007 年《农业部办公厅关于做好耕地地力评价工作的通知》(农办[2007]66 号)精神，东昌府区下半年启动了耕地地力评价工作。开展耕地地力评价是测土配方施肥补贴项目的一项重要内容，及时掌握耕地资源的数量、质量及其变化对于合理规划与利用和切实保护耕地有十分重要的意义，科学的评价结果有助于摸清全区耕地地力的现状及存在的问题，为耕地资源的高效和可持续利用提供重要依据。

耕地地力评价是通过县域耕地资源管理信息系统，建立县域耕地隶属函数模型和层次分析模型，对当前耕地进行科学系统的评价，是促进现代农业发展的一项重要的基础性工作。通过耕地地力评价不仅可以查清耕地基础生产能力、土壤肥力状况、土壤障碍因素、土壤质量状况等情况，而且结合耕地地力评价，还可以为粮食安全发展规划、农业产业结构调整、耕地质量保护与建设、无公害农产品生产以及科学施肥、节水农业、生态建设等提供科学依据，从而有力地促进农业可持续发展。

根据农业部关于加快推进耕地地力评价工作的具体要求，东昌府区积极开展了此项工作。为做到领导、技术、人员、后勤保障四到位，成立了耕地地力评价工作领导小组，负责耕地地力评价日常工作；还成立了采样调查组、资料收集组、化验分析组等专业小组。同时，以山东农业大学资源与环境学院和山东天地亚太国土遥感有限公司为依托，成立了耕地地力评价工作技术专家组。并积极组织协调农机局、畜牧局、统计局、国土局、气象局、水务局、财政局等职能部门，确定了工作重点及相关部门工作职责，收集了社会经济数据资料、图件资料、野外调查资料、室内化验分析资料等。采用定量和定性方法相结合，进行了参评因素的选取，最后确定灌溉保证率、矿化度、地貌类型、耕层质地、土体构型、盐渍化程度、有机质、大量元素(速效钾、有效磷)、微量元素(有效锌、有效硼)等11项因素作为耕地地力评价的参评指标。在ArcView和MapGIS软件的支持下,分别以栅格形式和点、线、区文件的形式进行存储和管理。引入了模糊数学方法,采用模糊评价方法来进行耕地地力等级的确定。在FoxPro数据库的支持下,对图件属性库进行操作,汇总了各类耕地地力等级的面积,根据东昌府区图幅理论面积进行平差,得到准确的面积数值。

东昌府区用于耕地地力评价的土样2500个。化验pH、有机质及大量元素(全氮、碱解氮、有效磷、缓效钾、速效钾等)26500项次,化验交换性钙、镁,有效锌、硼、钼等中微量元素10800项次。通过开展耕地地力评价工作,基本摸清了东昌府区的耕地基础状况、土壤肥力状况和耕地障碍因素等。东昌府区在1980年第二次土壤普查后,再没有进行系统性的土壤调查。这次耕地地力评价工作不仅在质量、数量和应用现代新技术上都远远超过以往各次调查,也是对第二次土壤普查资料的抢救性整理工作,填补了东昌府区二十多年的空白。通过土壤样品的化验,东昌府区耕层土壤有机质含量平均值为13.6g/kg,较1980年土壤普查提高5.9g/kg;全氮含量平均值为1.017g/kg,较1980年土壤普查提高0.61g/kg;有效磷含量平均值为23.2mg/kg,较1980年土壤普查提高18.6mg/kg;速效钾含量平均值为120.4mg/kg。较1980年土壤普查提高64.9mg/kg。这次耕地地力评价,以2007年东昌府区耕地总面积为基准,将我区耕地共划分为六个等级。东昌府区耕地总面积为76753.33公顷,各等级耕地比例相对较为均衡,其中以二级地、三级地、四级地为主,占耕地总面积的比例接近或超过20%,三者占到了总耕地面积的62%;其次是一级地和五级地,占耕地面积的28.8%;六级地面积较少,占总面积的9.25%。耕地资源信息系统数据库建设取得了包括农业部规定格式的数据库和MapGIS格式的成果图件22幅。通过调查分析,我区存在着重化肥、轻有机肥;重氮、磷肥,轻钾肥;重大量元素、轻微量元素;菜田氮肥、磷肥用量普遍偏高,钾肥不足,土壤出现盐渍化和结构变劣等情况。

本书是在耕地地力评价的基础上,对有关资料经过进一步审核、修正、补充、归并和综合整理而成的。此书在编写过程中得到了山东省土壤肥料工作总站和聊城市土肥站等领导的大力支持和指导,在此表示感谢。

由于编写人员水平所限,难免会有缺点和不足,敬请读者批评指证。

编　者

2012年11月

目　录

第一篇　东昌府区耕地地力评价

第二篇　专题

第一篇　东昌府区耕地地力评价

第一章　自然与农业生产概况

东昌府区位于鲁西平原，东经 115°40′07″～116°00′45″，北纬 36°15′48″～36°42′46″，南北长 49.06km，东西宽 46.7km，总面积 1254.61km^2。东与茌平县、东阿县接壤，西与冠县、莘县为邻，北与临清市毗连，南与阳谷县接界，是山东省聊城市市政府所在地，鲁西政治、经济、文化的中心。

东昌府区历史悠久，早在远古时期这里就是东夷人活动地界。商代为纣王庶兄微子启受封地，称为“微子国”。西周时为文王季弟受封之地，称为“郭国”。东周时为“齐之西鄙”，称为“聊国”。秦统一中国后，置聊城县。至元十三年为东昌府路治所。1936 年（民国 25 年）建第六区行政督察专员公署，统领鲁西各县，为其聊城治所。为纪念民族英雄范筑先将军为国殉职，1940 年 8 月聊城改筑先县，1949 年又恢复聊城县。1958 年改县为市，1962 年复改县，1983 年又恢复聊城市。1998 年撤地改为市，原聊城市改为东昌府区。

第一节　自然条件

一、气候条件

（一）光能资源

东昌府区年平均日照约为 2641.9h，总辐射量约 5198.6kJ/cm^2，气温高于 10℃期间总辐射量 357.8kJ/cm^2，与我国主要农业区相比，光能资源比较丰富。据估算，小麦每 667m^2 产 250kg 斤籽粒或棉花每 667m^2 产 50kg 皮棉时，光能利用率只有 0.27%，如果把光能利用率提高 1%，则可每 667m^2 产小麦 936kg 或皮棉 182kg，故本区光能的生产潜力是巨大的。

本区光能分布的特点是：年际分布比较均匀，年内变化较大，春夏光照充足，辐射较强，平均每天日照在 8h 以上，日辐射量在 1782.87J/cm^2 以上。5 月平均每天日照接近 9h，日辐射量在 2033.9J/cm^2，对小麦灌浆成熟十分有利。6 月平均每天日照 9.2h，日辐射量 2105.1J/cm^2，达到全年最高峰，此时夏播作物正处在苗期，不能合理利用光能资源。秋季日照缩短，辐射减弱，9 月平均每天日照 7.5h，日辐射量 1523.3J/cm^2，对棉花裂铃吐絮和晚秋粮食作物的灌浆成熟有一定影响。

（二）热量资源

本区年平均气温 13.2℃，最冷月 1 月平均气温 －2.6℃，极端最低气温 －20.7℃，最热月 7 月平均气温 26.8℃，极端最高气温 41.1℃，全年无霜期 201 天，属暖温带季风气候。本区热量条件可以满足早、中熟品种一年两熟的热量要求。多数年份不能满足晚熟品种一年两熟的热量要求。日平均气温高于 20℃持续 117 天，全年积温 2969℃，年相对变数 8.9％，夏凉年四年一遇，对喜温作物生长有一定影响。

春季回暖迅速，秋季降温快，夏季炎热，冬季寒冷，冬夏持续时间长，春秋季节短，是本区年内热量分布的特点。在农事安排上，宜根据这一特点，不失时机地抢收抢种，及时管理。

（三）大气降水

本区 1957 年以来年平均降水量约为 583.8mm，年干燥度约为 1.85，3～11 月干燥度 1.71，属大陆性半干燥地区。高于 0℃作物生长期降水约 569.5mm，高于 10℃作物积极生长期降水约 526.2mm，总降水量基本能够满足秋作物主要生长季的需要。但降水季节分配极不均匀，4～6 月平均降水量 44.4mm，蒸发量 303.5mm，水分严重亏缺。7 月、8 月平均降水量 158.5mm，秋季平均月降水量迅速降至 33.5mm，冬季平均月降水量仅有 6.3mm，小麦全生育期降水量 158.7mm，仅能满足需水量的三分之一，降水严重不足，是影响小麦高产的主要气候因素。

（四）气象灾害

本区气象灾害有旱涝、干热风、低温连阴雨、暴雨、冰雹、大风等，均对农业生产造成不同程度的危害，其中以旱涝对农业生产的影响最大。由于降水的年际变率较大（22％），季节分配不均，造成旱涝频繁发生。其发生规律是：春旱，夏秋涝，晚秋又旱，冬季少雪，4～6 月降雨稀少，变率大，发生春旱的概率约三年两遇，影响春播作物的适时播种和正常生长。小麦拔节期至抽穗期降水量仅占需水量的六分之一至五分之一，如不适时灌溉就会造成严重减产。7 月、8 月雨量充沛，但由于降水集中，强度大，变率大，时有旱、涝发生。入秋降水迅速减少，发生干旱的机会增多，约三年一遇。秋旱影响秋作物的正常成熟和小麦的适时播种。冬季降水稀少，影响小麦安全越冬，加重了春季旱情，故干旱是本区的主要气象灾害。

影响小麦后期生长的干热风几乎年年发生，年平均干热风日数约十天。春季棉花播种期低温连阴雨发生频率约两年一遇，夏末秋初影响秋作物后期生长的低温连阴雨发生频率约三年两遇。其他气象灾害也对农业生产造成不同程度的危害。

二、地形地貌

东昌府区属黄河冲积平原，地形自西南向东北倾斜，坡降为 1/5500，海拔 31～38m。历史上由于黄河改道多次经过东昌府区，泥沙沉积，形成缓岗、漫坡、洼地三种类型相间的微地貌。地貌分高地、坡地、洼地三种类型。

（一）高地

以河滩高地为主，分布在沙镇、郑家、张炉集、堂邑、道口铺 5 个建制镇办到闫寺街道办事处西北部一线及许营乡、于集镇东南部，面积 310km²，占全区面积的 25.2%，海拔 35～38m，潜水位一般为 3～5m，水质较好，基本无涝灾和盐化威胁。土类为褐土化潮土，质地多为砂壤土，水、肥、气、热协调，适宜多种作物生长，粮食产量较高，是本区的高产区。

（二）坡地（缓平坡地）

面积 609.6km²，占全区面积的 49.5%，此种地形高低差异甚微，坡降一般为 1/5000～1/7000，海拔 32～34m，潜水位 2～3m，土类为潮土和盐化潮土，质地多为壤土。个别地段十分平缓，排水不畅，盐化威胁较大，有盐斑。

（三）洼地

分为河间浅平洼地和背河槽状洼地。河间浅平洼地 170.1km²，占全区面积的 13.8%，主要分布在原大张乡的牛加洼、于集的谭家洼和城区以北的白家洼。此种地貌地势低洼，海拔 31～32m，土壤质地黏重，排水不畅，易受湿涝。因地下水位高，边缘极易形成盐化土壤。背河槽状洼地 69km²，占全区面积的 5.6%，主要分布在马颊河沿岸。因河水外渗，地下水位较高，易积涝成灾。由于水质差，盐害重，土类多为潮盐土。

东昌府区耕地面积为 80786.2hm²，占土地面积的 64.00%，全区地势平坦，适宜于机械作业，土种较多，沙、壤、黏均有分布，故可因地制宜种植多种作物。

三、水资源

东昌府区资源主要包括地下水、地表径流水和黄河水。

地下水：地下水的来源有大气降水、灌溉回归水和渠系渗透水。本区地下水资源主要是浅层地下水，平均年可开采量 $1.65\times10^8 m^3$；中层地下水是咸水，不宜农田灌溉；深层地下水开采困难，补给更困难，不宜开采利用。

地表径流水：包括当地地表径流水和过境径流水。由于本区地势平坦、坡度小，产生径流少，多年平均当地地表径流水仅有 $5.4\times10^7 m^3$；过境径流水主要是徒骇河、马颊河入境水量，多年平均 $1.82\times10^8 m^3$。但目前拦蓄能力仅有 $1.5\times10^7 m^3$，其余皆因缺乏拦蓄工程而不能利用。

黄河水：本区属位山灌区，位于引黄干渠上游，引黄条件比较优越。

四、成土母质及分布规律

东昌府区成土母质为黄河冲积物。据史料记载，古代黄河在华北平原曾分为两支，其中一支流经堂邑至梁水镇一带。黄河第二次及第三次改道，曾流经马颊河及徒骇河。对聊城地形地貌及沉积物的类型、分布都有巨大影响。

由于黄河及其他河流的长期影响，沉积物进行了一系列的分选，本县土壤较为复杂，但有一定的规律。缓岗、河槽多见沙质土壤，缓平坡地多为壤质，低洼处多见黏质土壤。群众所说的“紧出沙、慢出淤、不紧不慢出两合”是有道理的。

本区土壤质地主要有：松砂、紧砂、砂壤、轻壤、中壤、重壤六种类型，可概括为砂质、壤质、黏质三种。

砂质（松砂、紧砂、砂壤）多分布于古河道或决口扇形地附近，是主流急水沉积物。所处地貌类型多为河滩高地和沙质河槽地。梁水镇、闫寺、道口铺西部，沙镇、大张、郑家交界处，凤凰办以东，于集、许营的大部分地片以及其他乡镇的零星地段属于这类土壤，共43154.0hm²，约占全区总面积的35.1%。

壤质(轻壤及中壤土)多分布在浅平洼地及缓平坡地上，质地多为两合土或小红土。主要分布在朱老庄、郑家、侯营、张炉集及湖西办事处、斗虎屯的大部分地片，除此之外在岗洼之间的过渡地带也有此类土壤共69631.5hm²，约占全区总面积的56.6%。

黏质(重壤)：为洼地静水沉积物，多分布在洼地的中心部位。主要分布在闫寺、道口铺以东到北城办之间，沙镇西南部，徒骇、京杭运河沿岸洼地或河圈地带。面积较少，共10294.3hm²，占全区总面积的8.3%。

各种土壤质地具有不同的理化性质。通过土壤的理化分析，可以看出，一般土壤质地黏重的，有机质、全氮、全磷含量均高。同时，质地越黏重，容重越大，田间持水量越大。但通气孔隙度较低，通气、透气性较差。

黄河冲积平原最明显的特点是岗、洼质地分明，土壤剖面中黏、壤、沙相间分布。不仅有全剖面均质，并且还有沙黏、黏壤及砂壤相间夹层。因而对土壤的理化性质、肥力水平、盐化程度、供肥能力及保肥保水性能有较大的影响，与农业生产及土壤理化关系密切。

五、作物栽培

东昌府区地势平坦，光热充足，水利条件较好，适宜北方多种植物的生长和农作物的栽培。粮食作物以小麦、玉米为主，经济作物主要有棉花、大豆、花生、芝麻、大蒜等，尤以植棉历史悠久，明朝即有“棉花六府皆有之，东昌尤多”之说和“棉花窝”之称。近年来，随着人们生活水平的提高，农业结构也发生了很大的变化。由过去的经济作物栽培，变成了现在的蔬菜种植，成为华北主要蔬菜种植基地之一，多供应津、京、唐和东北三省。2004年，胡锦涛总书记来聊城视察时，对聊城蔬菜给予了高度评价。而果树由于品种老化，则逐步被淘汰。近几年东昌府区林地大量增加，主要品种为速生杨。

第二节　农业经济概况与生产情况

一、农业经济概况

本区现辖20个乡(镇、办事处)，即古楼、柳园、新区、湖西、道口铺、闫寺、凤凰、北城、东城、蒋官屯10个办事处，侯营、沙镇、堂邑、梁水镇、斗虎屯、郑家、张炉集、于集8个建制镇，许营、朱老庄2个乡。1017个村民委员会，1297个自然村。

全区总人口1043631人，农业人口699381人，乡村社会劳动力资源数397193人。土地总面积1255238km²。耕地面积80786.2hm²，占土地总面积的64.00%，农业人口人均耕地1840.92m²，总人口人均耕地787.06m²。

东昌府区历史上以农业为主，种植业比较发达，是北方地区粮、棉和蔬菜的重要产区。党的十一届三中全会以来，随着农村改革的深入、承包责任制的落实，农业生产得到了迅速发展。到2007年底农业机械动力达到1466930kW，机耕面积90113.33hm²，农田有效灌溉面积69980hm²；粮食总产量674500t，棉花产量7000t，瓜菜产量1150400t；农业总产值34.94亿元,农民人均纯收入4372元。

十一届三中全会以后,乡镇企业保持了快速发展的势头,形成了规模。个体企业突飞猛进,股份制企业保持良好的发展,外资企业不断增加。2007年底全区完成国内生产总值168.75亿元,较上年增长14.7%;第二产业84.95亿元,较上年增长15.5%;第三产业64.58亿元,较上年增长17.2%。城乡居民收入不断增加,人民生活不断得到改善,2005年底,城镇居民人均可支配收入12401元,较上年增长18.38%;农民人均纯收入4372元,较上年增长14.63%。城乡居民生活质量进一步提高。

东昌府区农业以"农业增效、农民增收"为目标,以"菜篮子"工程和都市农业建设为发展方向。在确保粮食播种面积稳定的同时,积极发展农业设施、畜牧养殖业、休闲观光农业等高附加值的农村产业项目。

种植业:全区粮食种植面积为107960hm^2,大面积推广种植济麦21、济麦22、良星99等优质品种,小麦平均单产401kg,玉米平均单产达443kg;无公害蔬菜面积20000hm^2。

养殖业:2007年末全区生猪出栏量50.87万头,肉牛存栏量3.27万头,奶牛存栏量7500头,蛋鸡出栏量324万只,肉鸭出栏量79.6万只。目前,全区已建成千头养猪场4个,年出栏万只养鸡场15个,百头养牛场3个。

观光休闲农业:已建成的观光休闲农业园包括姜堤乐园、凤凰农业休闲观光园、九州洼垂钓中心等。

农业机械化:目前全区拥有各类农业机械总动力1466930kW,全区农业机械化使用率达90%以上。

二、农业生产概况

近年来,东昌府区在市委、市政府的正确领导下,认真贯彻中央一号文件精神,积极落实各项支农惠农政策,继续调减农业税,强化粮食直补、小麦良种补贴等多项惠农措施,紧紧围绕农民增收这一主题,加大农业投入,推广先进的农业技术,积极服务"三农",进一步优化调整农业生产结构,提高农业生产的综合能力。2007年,粮食播种面积和产量再创历史新高,油料作物总产同比基本持平,棉花、蔬菜产量同比下降,棉花、油料和蔬菜播种面积调减,在粮棉油种植面积中所占的比例降低。

(一)农业生产基本情况

1. 农民种粮积极性高涨,产品档次进一步提高

2007年农作物总播种面积138004hm^2,其中:粮食作物播种面积107957hm^2,油料作物播种面积2092hm^2,棉花播种面积6689hm^2,蔬菜播种面积20207hm^2,瓜类播种面积1012hm^2,粮食作物平均播种面积占平均常用耕地资源的62.76%,比往年提高了11.21%,经济作物则下降了11.94%。粮食、棉花、油料、蔬菜、瓜类的种植面积占农作物总播种面积的比例分别为67.62%、7.06%、5.10%、16.36%、3.29%,棉花、油料、蔬菜种植比例分别比往年下降3.05%、0.68%、4.48%。从中看出农民作为结构调整的主体,受国家政策及市场供求关系的影响,加大了结构调整的自主权,农业种植结构发生变化。

从播种的农作物的品种看,小麦播种面积59973hm^2,玉米播种面积46404hm^2,优质无公害蔬菜播种面积2.03hm^2,优质良种的比例不断提高,特色种植业不断发展,品质结

构进一步得到优化。

2. 粮食产量大幅增长

受一系列支农惠农政策的影响，自 2004 年全区粮食生产实现恢复性增长以来，近几年粮食生产呈现“三增”局面。全年总产量达到 674500t，亩产 416kg，总产、单产创新中国成立以来历史最高水平。夏收粮食总产量 360800t，单产每亩 401kg，秋收粮食总产 313800t，亩产 436kg。

3. 油料止跌趋稳，略有上升

自 2000 年以来，全区油料作物总产量连续下跌，今年止跌趋稳，总产达到 9738t，同比增长了 0.45%。油料作物中，花生、油菜籽种植面积的比重为 95∶5。由于近年整个生育期气候条件总体较好，高效生产技术和高产优质品种的推广水平进一步提高，单产创历史最高水平，亩产 310kg，同比增加 21.75kg，增长了 7.02%。

4. 棉花产量大幅下降

受棉花市场供求关系影响，棉花价格不确定性增大，棉花种植费时费力成本上升，加上政策导向因素，棉花播种面积比上年有所减少，但亩产 70kg，单产有所提高，同比增加 1.95kg，增长了 2.59%。

5. 蔬菜总产量下降，质量明显提高

蔬菜种植由于受市场和政策变化、耕地的限制以及生产成本增加等因素影响，蔬菜标准化生产明显向好，无公害蔬菜种植面积达 20000hm^2。

（二）我区农业生产形势的主要特点

1. 粮食增收，粮食安全问题进一步得到保证

近两年来，受市场供求及一系列支农惠农政策的影响，农民种粮积极性高涨。粮食种植面积快速回升，产量大幅增长，粮食主产区的地位凸显。粮食安全得到强有力的保障。同时，粮食种植量的大幅增加，很大程度上促进了农民收入的增长，给农民带来了实惠。

2. 农民科技种田意识增强，优质化比例进一步提高

聊城市大力实施农业科技特派员制度，深入开展科技下乡活动，农民科技种田的意识不断增强，大多能自觉地应用先进的科学技术指导生产，农作物单产同比均有不同程度上升，积极播种政府粮补推广的济麦 22、良星 99 等优质品种。优质粮食播种面积达 60000hm^2。

3. 农民对市场、政策导向作用的认识日益提高，种植结构发生大的变化

在国家宏观调控下，农民从国家政策中得到的实惠越来越多，农民对政策导向作用认识进一步加强，且大多数存在一种依赖心理。与此同时，农民把握市场能力逐步增强，由于棉花市场价格难以预测，蔬菜种植投入大、成本高，再加上受现有耕地的限制，因此，种粮依然是大多数农民的首选。

4. 农业投入逐年加大，农业综合生产能力全面提高

区委、区政府一直高度重视农业和农村经济发展，几年来，不断加大对农业的投入。农业基础设施进一步得以完善，全区农业综合生产能力得以全面提高。

第三节 农业基础设施情况

一、农田水利建设情况

(一)水资源情况

1. 东昌府区现有可利用水资源量

东昌府区现有可利用水资源量包括当地水资源量、客水资源量。

(1)当地水资源量。东昌府区当地水资源量包括当地地表水资源量和地下水资源量，多年平均当地水资源量为 $2.53\times10^8m^3$，可利用量为 $2.05\times10^8m^3$。多年平均降水量为562mm，折合水资源量为 $4.16\times10^7m^3$；当地地表水可利用量为 $3\times10^7m^3$。多年平均地下水资源量为 $2.21\times10^8m^3$。地下水可利用量多年平均供水量为 $1.75\times10^8m^3$。

(2)客水资源量。客水资源量包括引黄河水量及引马颊河水量、引徒骇河水量，多年平均客水资源量为 $2.59\times10^8m^3$。黄河水是东昌府区的主要客水资源，据统计，东昌府区多年平均引黄水量为 $2.41\times10^8m^3$，引黄水量最多的 2003 年为 $2.82\times10^8m^3$。引黄为东昌府区经济的迅速发展起到了至关重要的作用。徒骇河来水量逐年减少，水源无保证，且水质污染严重。

综上所述，东昌府区多年平均水资源可利用量为 $4.46\times10^8m^3$(见表 1-1)。

表 1-1　东昌府区多年平均水资源可利用量　单位：m^3

当地水资源可利用量		客水资源可利用量	合计
地表水	地下水	引黄	
3×10^7	1.75×10^8	2.41×10^8	4.46×10^8

2. 基本情况

2011 年农业现状用水总量为 $2.05\times10^8m^3$，占全区总用水量的 82.2%。其中农田灌溉水量为 $1.94\times10^8m^3$，占农业用水总量的 94.7%；商品菜田用水量为 $7.39\times10^7m^3$，占农业用水总量的 36%；林、牧、副、渔用水量为 $1.08\times10^7m^3$，占农业用水总量的 5.27%。

东昌府区各种作物 $P=50\%$保证率农业灌溉净毛用水定额(见表 1-2)。

表 1-2　东昌府区各种作物 $P=50\%$保证率农业灌溉净毛用水定额

作物名称	灌溉方式	净灌溉定额(m^3)	灌区类型	毛灌溉定额(m^3)
小麦	地面灌	180	井灌区和引黄灌区	286/321
	喷灌	140		175
玉米	地面灌	70	井灌区和引黄灌区	111/125
棉花	地面灌	120	井灌区和引黄灌区	190/214
露地蔬菜	地面灌	310	井灌区和引黄灌区	492/554

续表

作物名称	灌溉方式	净灌溉定额(m^3)	灌区类型	毛灌溉定额(m^3)
葡萄	地面灌	120	井灌区和引黄灌区	190/214
苹果	地面灌	215	井灌区和引黄灌区	341/384
梨	地面灌	195	井灌区和引黄灌区	310/348
大棚蔬菜	地面灌	220	井灌区和引黄灌区	293
	微灌	175		194

(二)农田水利基本建设情况

东昌府区农田水利基本建设相当完善,为发展农业生产提供了有利条件。目前,东昌府区有效灌溉面积为56600hm^2,灌溉率达97.6%。

1.排涝工程

东昌府区排水河道有徒骇河、马颊河2个水系。流域面积大于10km^2的干支流共6条,其中100km^2以上的干流5条,30～100km^2的干流有1条,10km^2以下的田间排水沟有112条,总计长约628.41km,已经形成比较完整的排水工程体系。

2.灌溉工程

东昌府区灌溉工程分为井灌、引黄灌溉和扬水站提水灌溉三种类型。

(1)井灌工程。2011年,东昌府区机井发展到12243眼,已配套12243眼,占机井总眼数的100%,机井密度4.6hm^2/眼。

(2)引黄灌溉工程。东昌府区属位山引黄灌区,三干渠南北贯穿中部,境内长度为41km,黄灌面积为53000hm^2。

(3)扬水站提水灌溉工程。2011年东昌府区固定扬水站有19处,已装机61台,总共4716kW,但因近年灌溉季节徒骇河水量减少,甚至干涸断流,故引黄范围日趋扩大,引黄、引马并用,且以引黄灌溉为主。

(三)农业生产机械情况

2011年末,东昌府区拥有农业机械总动力为134kW。拥有拖拉机为8270台,其中大中型拖拉机为2946台,小型拖拉机为5324台;排灌机械为9.3万台(套),动力为480GW;耕整机械为2405台,播种机械为2743台,其中免耕播种机为788台,小麦联合收获机为1463台,玉米联合收获机为792台;农用运输车为5万台,农副产品初加工机械为1434台。

目前,东昌府区机耕面积为39.9hm^2,机播面积为86.5hm^2,机收面积为73.2hm^2。

第二章　土壤与耕地资源状况

第一节　土地利用状况

东昌府区土地利用面积为125461.2hm^2，其中农用地为99112.9hm^2，占79.00%；建设用地为24564.5hm^2，占19.58%；未利用地1783.8hm^2，占1.42%。如图2-1所示。

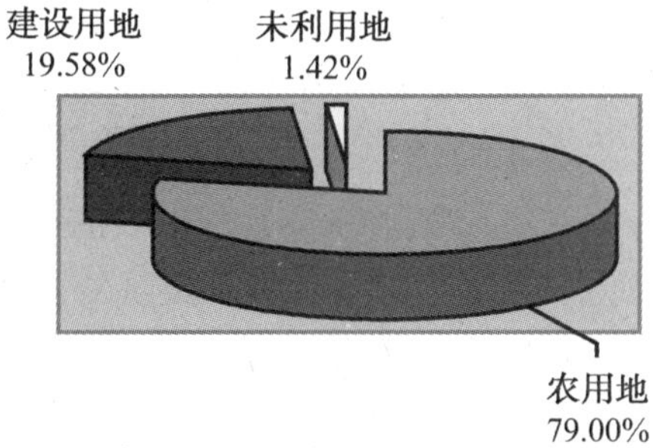

图2-1　东昌府区土地利用一级分类构成图

一、农用地

全区农用地面积99112.9hm^2。耕地面积为80786.2hm^2，占农用地面积的81.51%；园地面积为1259.1hm^2，占农用地面积的1.27%；林地面积为5389.2hm^2，占农用地面积的5.44%；牧草地面积为零；其他农用地面积为11678.4hm^2，占农用地面积的11.78%。如图2-2所示。

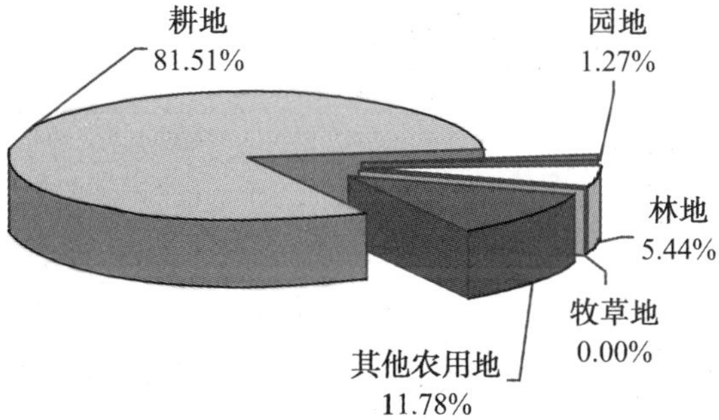

图2-2　东昌府区农用地构成图

(一)耕地

全区耕地面积为80786.2hm^2。耕地地类构成:以水浇地为主,面积79656.2hm^2,占耕地面积的98.6%;菜地次之,面积为1125.0hm^2,占耕地面积的1.39%;灌溉水田面积为3.8hm^2,占耕地面积的0.01%;旱地1.2hm^2。如图2-3所示。

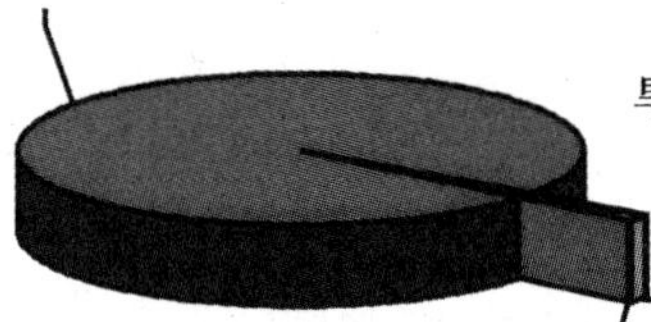

图 2-3 东昌府区耕地构成图

1. 耕地的分布状况

我区各乡镇的耕地面积不尽相同。从各乡镇占全区耕地面积的比重看,所占比重最大的是梁水镇,耕地面积为10440.7hm^2,约占全区耕地面积的12.92%;所占比重最小的乡镇是古楼街道办事处,耕地面积为23.4hm^2,约占全区耕地面积的0.03%。东昌府区耕地面积结构表如表2-1所示。

表 2-1 东昌府区耕地面积结构

项目 / 单位	耕地面积(667m^2)	土地总面积(667m^2)	耕地占总面积的比例(%)	总人口(人)	人均占有耕地(667m^2)
东昌府区	1211792.3	1881917.8	64.39%	1025614	1.18

全省人均占有耕地数820.41m^2。从表2-1中可以看出我区人均占有耕地787.06m^2,低于全省人均耕地数。其中梁水镇人均所占比例最大,人均占有耕地1547.44m^2。而古楼办事处人均所占比例最小,人均占有耕地2.67m^2(详见表2-2)。

表 2-2 各乡镇耕地面积结构表

单位	耕地面积(667m^2)	占耕地总面积的比重	总人口	人均占有耕地(667m^2)
古楼办事处	350.8	0.03%	86896	0.004
柳园办事处	4553.4	0.38%	119179	0.038
新区办事处	8198.9	0.68%	113212	0.072
湖西办事处	33772.3	2.79%	34501	0.979
道口铺办事处	55186.2	4.55%	34045	1.621

续表

单位	耕地面积(667m²)	占耕地总面积的比重	总人口	人均占有耕地(667m²)
闫寺办事处	73993.1	6.11%	45187	1.637
凤凰办事处	54100.8	4.46%	37795	1.431
北城办事处	60728.6	5.01%	34866	1.742
东城办事处	7739.9	0.64%	20342	0.380
蒋官屯办事处	41679.6	3.44%	32499	1.282
侯营镇	82387.6	6.80%	43799	1.881
沙镇	147869.0	12.20%	88607	1.669
堂邑镇	59149.9	4.88%	35004	1.690
梁水镇	156609.9	12.92%	66856	2.342
斗虎屯镇	90716.1	7.49%	42008	2.159
郑家镇	72489.1	5.98%	43773	1.656
张炉集镇	55615.0	4.59%	33276	1.671
于集镇	70344.5	5.80%	41669	1.688
许营乡	68544.7	5.66%	35332	1.940
朱老庄乡	67762.9	5.59%	36768	1.843
东昌府区	1211792.3		1025614	1.182

2. 耕地类型与分布

由于东昌府区为平原地区,土质较好,绝大多数耕地为水浇地,其次为菜地。全区水浇地最多的乡镇为梁水镇,面积为 10230.7hm²。其次是沙镇,面积为 9762.1hm²。菜地最多的为许营乡,面积为 278.5hm²。其次为梁水镇,面积为 209.9hm²(详见图 2-4)。

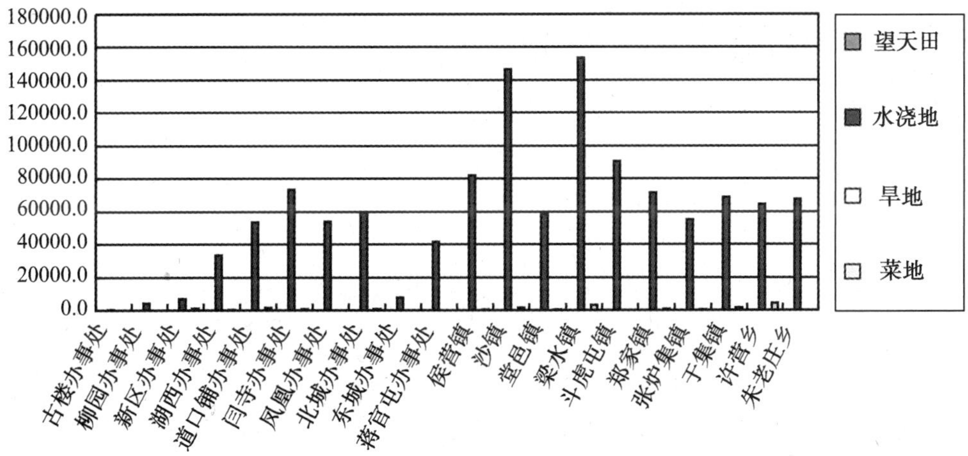

图 2-4 东昌府区耕地类型分布图

（二）园地

园地三级分类中，全区只有果园和其他园地，园地面积为 1259.1hm^2。果园面积为 1243.6hm^2（其中可调整果园为 389.6hm^2），果园占园地面积的 98.77%；其他园地面积为 15.5hm^2，占园地面积的 1.23%。如图 2-5 和表 2-3 所示。

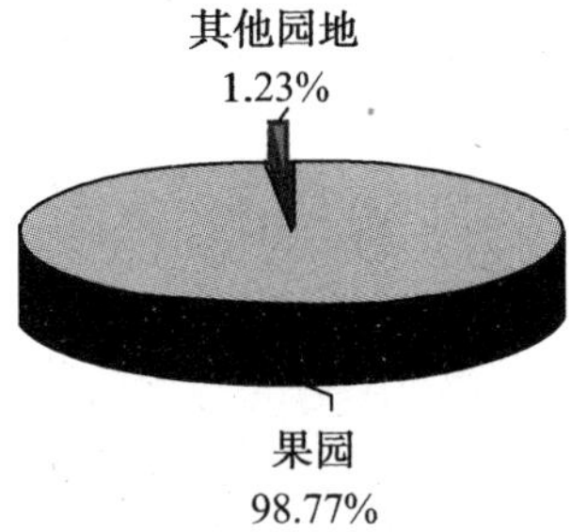

图 2-5　东昌府区园地构成图

表 2-3　**园地的分布状况**

项目 / 单位	园地（667m^2）	果园（667m^2）	果园占园地比重	其他园地（667m^2）	其他园地占园地比重
东昌府区	18886.0	18653.1	98.77%	232.9	1.23%

我区园地面积为 1243.6hm^2，占全区总面积的 1.04%，从各乡镇园地占全区园地总面积与本乡镇土地总面积的比重看，东城办事处所占比重最大，园地面积为 232.9hm^2，占全区园地面积的 18.50%，占该办事处土地总面积的 9.50%；其次是柳园办事处，园地面积为 215.9hm^2，占全区园地总面积的 17.14%，占该办事处土地面积的 10.90%。所占比重最小的是张炉集镇，园地面积为 7.1hm^2，占全区园地总面积的 0.55%，占该镇土地总面积的 0.14%。

从人均占有园地比例看，全区人均占用园地面积为 13.34m^2。东城办事处最多，人均园地面积为 120.06m^2。最少的是张炉集镇，人均园地面积为 2.13m^2。如图 2-6 和表 2-4 所示。

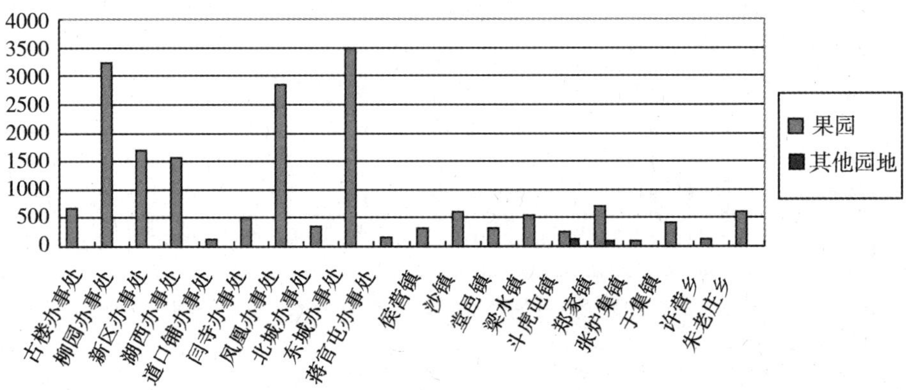

图 2-6　各乡镇园地面积结构图

表 2-4　　各乡镇园地面积结构

单位	园地面积（667m²）	占全区园地总面积的比重	占本乡镇土地总面积的比重	总人口	人均占有园地(667m²)
古楼办事处	656.9	3.48%	2.71%	86896	0.008
柳园办事处	3237.3	17.14%	10.89%	119179	0.027
新区办事处	1711.8	9.06%	4.44%	113212	0.015
湖西办事处	1582.5	8.38%	2.43%	34501	0.046
道口铺办事处	115.5	0.61%	0.14%	34045	0.003
闫寺办事处	502.4	2.66%	0.43%	45187	0.011
凤凰办事处	2851.0	15.10%	2.86%	37795	0.075
北城办事处	339.8	1.80%	0.36%	34866	0.010
东城办事处	3493.0	18.50%	9.49%	20342	0.172
蒋官屯办事处	158.4	0.84%	0.22%	32499	0.005
侯营镇	305.8	1.62%	0.27%	43799	0.007
沙镇	611.9	3.24%	0.31%	88607	0.007
堂邑镇	321.7	1.71%	0.35%	35004	0.009
梁水镇	533.8	2.83%	0.25%	66856	0.008
斗虎屯镇	407.0	2.16%	0.33%	42008	0.010
郑家镇	798.7	4.23%	0.78%	43773	0.018
张炉集镇	106.0	0.56%	0.14%	33276	0.003
于集镇	427.7	2.26%	0.41%	41669	0.010
许营乡	131.3	0.70%	0.14%	35332	0.004
朱老庄乡	593.5	3.14%	0.61%	36768	0.016
东昌府区	18886.0		1.00%	1025614	0.018

1. 园地的类型与分布状况

从园地的类型看，果园主要分布在东城办事处、柳园办事处、凤凰办事处、新区办事处和湖西办事处，面积占全区的68.4%。其他园地在斗虎屯镇和郑家镇，面积分别为9.4hm²和5.9hm²。

2. 可调整园地

我区可调整园地有389.6hm²，全部为可调整果园。主要分布在凤凰办事处、东城办事处和朱老庄乡，面积分别为87.1hm²、192.0hm²和30.6hm²，占全区可调整园地的79.50%。

(三)林地

全区林地面积为5389.2hm²。林地构成：有林地面积为4164.3hm²(其中可调整有林地面积 1594.9hm²），占全区林地面积的 77.27%；灌木林地面积为 1133.9m²，占全区林地面积的 0.00%；疏林地面积为 88.2hm²，占全区林地面积的 1.64%；未成林造林地面积为 885.7hm²（其中可调整未成林造林地为 840.3hm²），占全区林地面积的 16.43%；苗圃面积为 251.0hm²（其中可调整苗圃为 29.1hm²），占全区林地面积的 4.66%，如图 2-7 和表 2-5 所示。

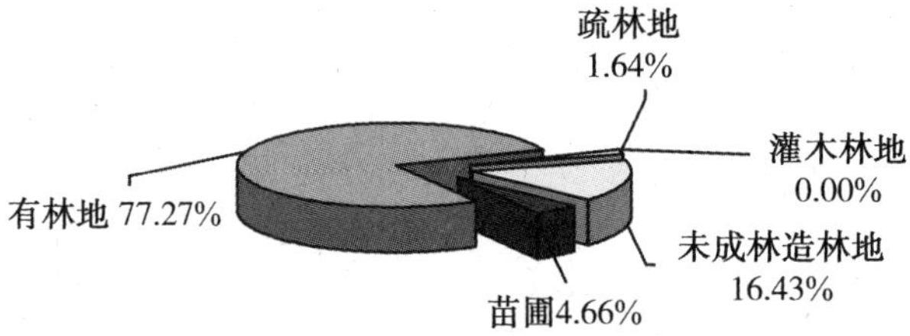

图 2-7　2005 年东昌府区林地构成图

表 2-5　东昌府区林地三级分类面积统计

项目 单位	有林地（667m²）	占林地比重	灌木林地（667m²）	占林地比重	疏林地（667m²）	占林地比重	未成林造林地（667m²）	占林地比重	苗圃（667m²）	占林地比重
东昌府区	62464.7	77.29	1.7	0.00	1322.7	1.64	13284.6	16.43	3764.8	4.66

1. 林地的分布状况

我区共有林地 5389.2hm²，占全区总面积的 4.30%。从比重上来看，林地主要分布在斗虎屯镇、梁水镇、凤凰办事处和沙镇，面积分别为 589.4hm²、477.2hm²、516.9hm² 和 465.8hm²，分别占全区林地总面积的 10.94%、8.86%、9.59%和 8.64%。面积最小为古楼办事处，林地面积为 30.0hm²，占全区林地总面积 0.67%。从人均占有林地数量来看，全区人均林地 53.36m²，东城办事处人均林地最多，人均占有林地 166.75m²，斗虎屯次之，人均占有林地 140.07m²。人均占有林地最少的有古楼办事处、柳园办事处和新区办事处，均为 6.67m²。如表 2-6 所示。

表 2-6　各乡镇林地面积结构

单位	林地面积（667m²）	占全区林地总面积的比重	占其土地总面积的比重	总人口	人均占有林地（667m²）
古楼办事处	540.2	0.67%	2.23%	86896	0.006
柳园办事处	708.6	0.88%	2.38%	119179	0.006
新区办事处	1037.9	1.28%	2.69%	113212	0.009
湖西办事处	2939.1	3.64%	4.52%	34501	0.085
道口铺办事处	1411.3	1.75%	1.71%	34045	0.041
闫寺办事处	3997.4	4.94%	3.44%	45187	0.088

续表

单位	林地面积（667m²）	占全区林地总面积的比重	占其土地总面积的比重	总人口	人均占有林地（667m²）
凤凰办事处	7753.2	9.59%	7.82%	37795	0.205
北城办事处	4429.2	5.48%	4.68%	34866	0.127
东城办事处	5109.4	6.32%	13.88%	20342	0.251
蒋官屯办事处	4004.9	4.95%	5.50%	32499	0.123
侯营镇	3404.1	4.21%	2.96%	43799	0.078
沙镇	6986.9	8.64%	3.53%	88607	0.079
堂邑镇	1640.1	2.03%	1.78%	35004	0.047
梁水镇	7158.4	8.86%	3.32%	66856	0.107
斗虎屯镇	8841.1	10.94%	7.08%	42008	0.210
郑家镇	5777.2	7.15%	5.67%	43773	0.132
张炉集镇	1925.7	2.38%	2.53%	33276	0.058
于集镇	4758.2	5.89%	4.56%	41669	0.114
许营乡	4737.9	5.86%	4.88%	35332	0.134
朱老庄乡	3677.7	4.55%	3.80%	36768	0.100
东昌府区	80838.5		4.30%	1025614	0.079

2. 林地类型及分布

我区林地的主要类型为有林地和未成林造林地。有林地和未成林造林地在我区分布广泛，有林地较多的有斗虎屯镇、梁水镇和沙镇，面积分别为 589.4hm²、473.2hm² 和 399.8hm²。未成林造林地较多的有凤凰办事处和于集镇，面积分别为 289.7hm² 和 221.3hm²。我区有苗圃 251.0hm²，主要分布在侯营镇、闫寺办事处、沙镇和湖西办事处。

3. 可调整林地

我区有可调整林地 2464.3hm²。其中，可调整有林地 1594.9hm²，可调整未成林造林地 840.3hm²，可调整苗圃 29.1hm²。可调整林地的分布情况与林地的分布情况大致相同。

（四）牧草地

东昌府区牧草地面积为零。

（五）其他农用地

其他农用地为 11678.4hm²。畜禽饲养用地面积为 148.5hm²，占其他农用地的 1.27%；农村道路用地面积为 2705.3hm²，占其他农用地的 23.17%；坑塘水面面积为 1308.4hm²，占其他农用地的 11.20%；养殖水面面积为 438.2hm²，占 3.75%；农田水利用地面积为 5345.3hm²，占其他农用地的 45.77%；田坎用地面积为 3.8hm²，占其他农用地的 0.03%；晒谷场等用地面积为 1729.0hm²，占其他农用地的 14.81%。如图 2-8 所示。

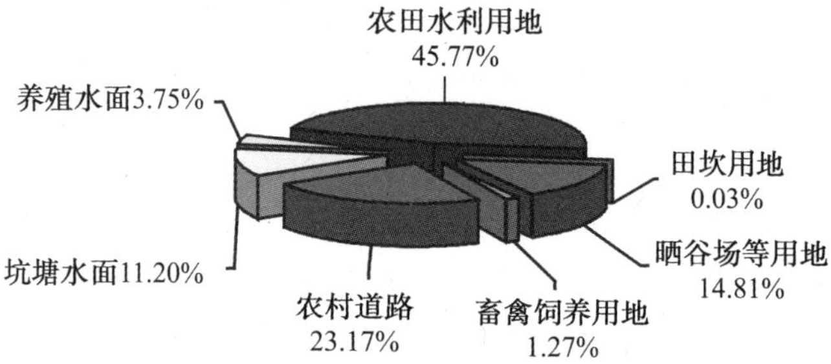

图 2-8　2005 年东昌府区其他农用地构成图

1. 其他农用地的类型及分布状况

全区其他农用地中，畜禽饲养地类中，闫寺办事处所占比例最大；农村道路地类中，梁水镇所占比例最大；坑塘水面地类中，道口铺办事处所占比例最大；养殖水面地类中，于集镇所占比例最大；农田水利用地地类中，梁水镇所占比例最大；田坎用地地类中，许营乡所占比例最大；晒谷场等用地地类中，梁水镇所占比例最大。

2. 其他农用地分布状况

全区其他农用地面积为 11678.4hm²，占全区土地总面积的 9.31%。从各乡镇其他农用地占土地总面积的比重来看，梁水镇所占的比重最大，面积为 1376.7hm²，该镇其他农用地占全区其他农用地的 11.79%，占其土地总面积的 9.56%；所占比重最小的为古楼办事处，面积为 40.6hm²，占全区其他农用地的 0.35%，占其土地总面积的 2.52%。

从人均占用其他农用地数量来看，全区人均占用其他农用地为 113.39m²。人均所占面积较大是凤凰办事处，为 266.8m²。古楼办事处人均占其他农用地面积最小，为 4.67m²。如图 2-9 和表 2-7 所示。

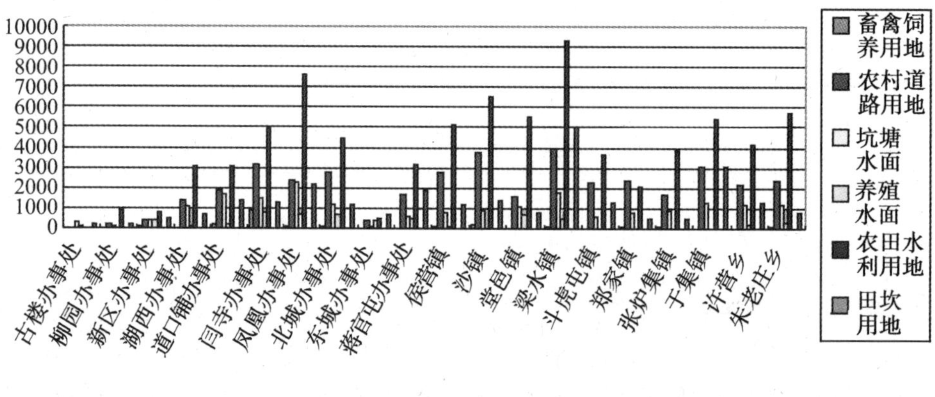

图 2-9　东昌府区各乡镇其他农用地分布图

表 2-7 各乡镇其他农用地面积结构

单位	其他农有地面积(667m²)	占其他农用地总面积比重(%)	占其土地总面积比重(%)	总人口	人均占用林地(667m²)
古楼办事处	609.3	0.35	2.52	86896	0.007
柳园办事处	1422.6	0.81	4.78	119179	0.012
新区办事处	2600.5	1.48	6.75	113212	0.023
湖西办事处	6394.7	3.65	9.83	34501	0.185
道口铺办事处	8427.4	4.81	10.10	34045	0.248
闫寺办事处	12552.9	7.17	10.80	45187	0.278
凤凰办事处	15247.1	8.70	15.38	37795	0.403
北城办事处	10320.7	5.89	10.90	34866	0.296
东城办事处	1995.7	1.14	5.42	20342	0.098
蒋官屯办事处	7803.6	4.45	10.72	32499	0.240
侯营镇	10162.3	5.80	8.83	43799	0.232
沙镇	12763.5	7.29	6.45	88607	0.144
堂邑镇	9822.9	5.61	10.67	35004	0.281
梁水镇	20650.4	11.79	9.56	66856	0.309
斗虎屯镇	7889.0	4.50	6.32	42008	0.188
郑家镇	5717.8	3.26	5.61	43773	0.131
张炉集	7115.5	4.06	9.36	33276	0.214
于集镇	13858.6	7.91	13.28	41669	0.333
许营乡	9087.9	5.19	9.36	35332	0.257
朱老庄乡	10534.0	6.01	10.88	36768	0.286
东昌府区	175176.4		9.31	1025614	0.171

(六)可调整地类

全区共有可调整地类面积 2853.9hm²,可调整园地 389.6hm²,均为可调整果园;可调整林地 2464.3hm²,其中可调整有林地 1594.9hm²,可调整未成林造林地 840.3hm²,可调整苗圃 29.1hm²。如图 2-10、图 2-11 和表 2-8 所示。

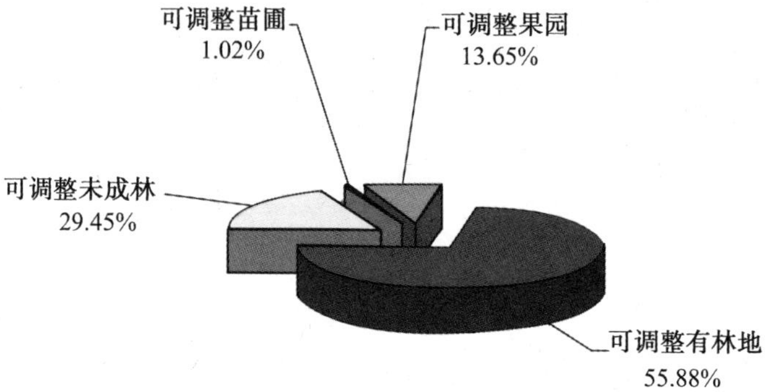

图 2-10　可调整地类结构图

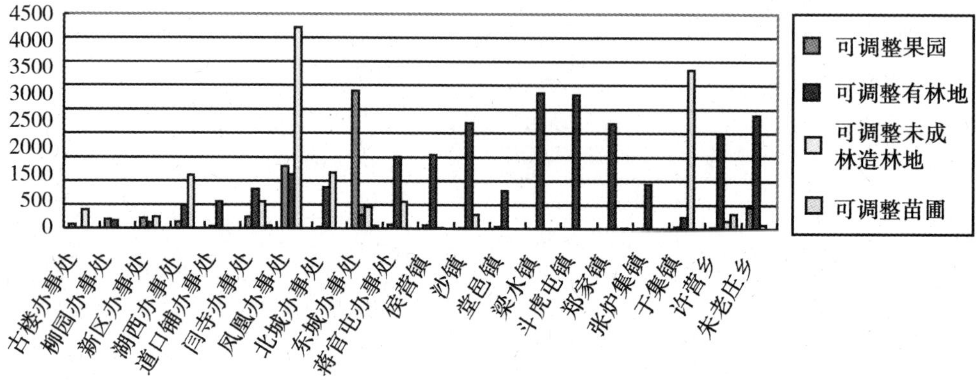

图 2-11　东昌府区可调整地类分布图

表 2-8　　可调整地类与其相应地类的比例

可调整地类		可调整面积(667m²)	相应地类面积(667m²)
合计		42808.1	104972.4
园地	果园	5844.2	18653.1
	桑园	0	
	茶园	0	
	橡胶园	0	
	其他园地	0	232.9
	园地小计	5844.2	18886.0
林地	有林地	23922.8	62464.7
	未成林造林地	12605.0	13284.6
	苗圃	436.1	3764.8
	林地小计	36963.9	79514.1
养殖水面		0	6572.3

二、建设用地

全区建设用地面积为 24564.5hm^2，占全区土地总面积的 19.58%。建设用地中以居民点及独立工矿用地为主，面积为 21650.6hm^2，占建设用地面积的 88.13%；交通运输用地面积为 2244.2hm^2，占建设用地面积的 9.14%；水利设施用地面积为 669.7hm^2，占建设用地面积的 2.73%。如图 2-12 和表 2-9 所示。

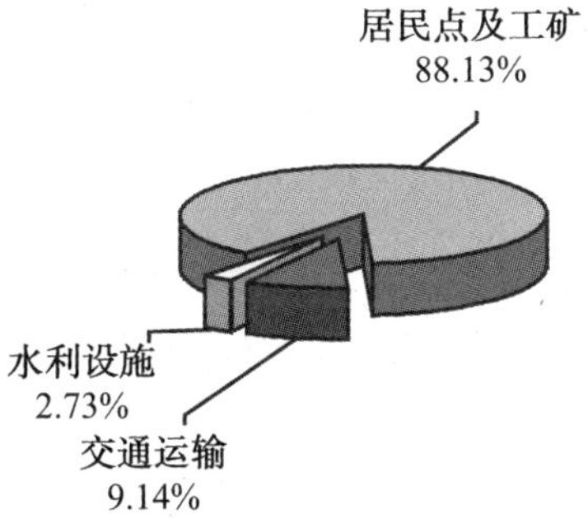

图 2-12　东昌府区建设用地分类构成图

表 2-9　　**东昌府区建设用地面积统计**

建设用地人均分布情况								
项目 单位	总计		居民点及工矿		交通用地		水利设施用地	
	总面积 ($667m^2$)	人均面积 ($667m^2$)	面积 ($667m^2$)	人均面积 ($667m^2$)	面积 ($667m^2$)	人均面积 ($667m^2$)	面积 ($667m^2$)	人均面积 ($667m^2$)
古楼办事处	17698.2	0.204	17317.9	0.199	171.9	0.002	208.4	0.002
柳园办事处	18875.7	0.158	18465.7	0.155	317.1	0.003	92.9	0.001
新区办事处	24560.9	0.217	23911.3	0.211	649.6	0.006	0.0	0.000
湖西办事处	19479.9	0.565	15750.4	0.457	2615.2	0.076	1114.3	0.032
道口铺办事处	17246.2	0.507	14455.2	0.425	2791.0	0.082	0.0	0.000
闫寺办事处	24676.9	0.546	19907.8	0.441	4769.1	0.106	0.0	0.000
凤凰办事处	19063.1	0.504	16379.0	0.433	2684.1	0.071	0.0	0.000
北城办事处	17545.4	0.503	13721.4	0.394	3102.8	0.089	721.2	0.021
东城办事处	18000.2	0.885	16206.9	0.797	1793.3	0.088	0.0	0.000
蒋官屯办事处	18554.5	0.571	15320.1	0.471	2690.9	0.083	543.5	0.017
侯营镇	18052.4	0.412	15396.7	0.352	1822.9	0.042	832.8	0.019
沙镇	29058.6	0.328	27090.2	0.306	1168.2	0.013	800.2	0.009
堂邑镇	15676.7	0.448	12103.9	0.346	1925.7	0.055	1647.1	0.047

续表

项目 单位	建设用地人均分布情况							
	总计		居民点及工矿		交通用地		水利设施用地	
	总面积（667m²）	人均面积（667m²）	面积（667m²）	人均面积（667m²）	面积（667m²）	人均面积（667m²）	面积（667m²）	人均面积（667m²）
梁水镇	26550.5	0.397	22377.7	0.335	1419.8	0.021	2753.0	0.041
斗虎屯镇	16135.2	0.384	14292.3	0.340	1842.9	0.044	0.0	0.000
郑家镇	15887.5	0.363	15513.6	0.354	103.7	0.002	270.2	0.006
张炉集镇	11164.6	0.336	11164.6	0.336	0.0	0.000	0.0	0.000
于集镇	13050.6	0.313	12608.1	0.303	442.5	0.011	0.0	0.000
许营乡	13986.4	0.396	11481.6	0.325	2504.8	0.071	0.0	0.000
朱老庄乡	13204.2	0.359	11296.4	0.307	846.8	0.023	1061.0	0.029
东昌府区	368467.7	0.359	324760.8	0.317	33662.3	0.033	10044.6	0.010

（一）居民点及独立工矿用地

全区居民点及独立工矿用地面积为 21650.7hm^2，其中城市用地面积为 4972.4hm^2，占居民点及独立工矿面积的 22.97%；建制镇用地面积为 693.2hm^2，占居民点及独立工矿用地总面积的 3.20%；农村居民点面积为 13252.7hm^2，占居民点及独立工矿用地总面积的 61.21%；独立工矿面积为 2493.7hm^2，占居民点及独立工矿用地总面积的 11.52%；特殊用地面积为 238.7hm^2，占居民点及独立工矿用地总面积的 1.10%。如图 2-13 和表 2-10 所示。

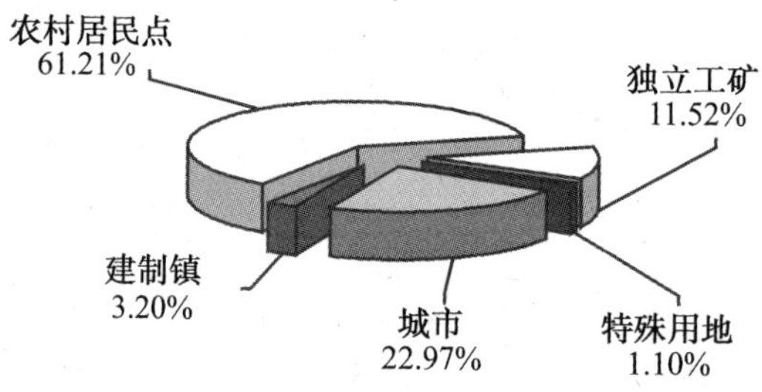

图 2-13　东昌府区居民点及独立工矿用地分类构成图

表 2-10 居民点及独立工矿用地分布情况

单位	居民点及独立工矿用地面积（667m²）	占全区居民点及独立工矿用地总面积的比重	占其土地总面积的比重	总人口	人均占有居民点及独立工矿用地（667m²）
古楼办事处	17317.9	5.33%	71.50%	86896	0.199
柳园办事处	18465.7	5.69%	62.11%	119179	0.155
新区办事处	23911.3	7.36%	62.04%	113212	0.211
湖西办事处	15750.4	4.85%	24.22%	34501	0.457
道口铺办事处	14455.2	4.45%	17.49%	34045	0.425
闫寺办事处	19907.8	6.13%	17.13%	45187	0.441
凤凰办事处	16379.0	5.04%	16.52%	37795	0.433
北城办事处	13721.4	4.23%	14.49%	34866	0.394
东城办事处	16206.9	4.99%	44.02%	20342	0.797
蒋官屯办事处	15320.1	4.72%	21.05%	32499	0.471
侯营镇	15396.7	4.74%	13.37%	43799	0.352
沙镇	27090.2	8.34%	13.69%	88607	0.306
堂邑镇	12103.9	3.73%	13.15%	35004	0.346
梁水镇	22377.7	6.89%	10.36%	66856	0.335
斗虎屯镇	14292.3	4.40%	11.45%	42008	0.340
郑家镇	15513.6	4.78%	15.22%	43773	0.354
张炉集镇	11164.6	3.44%	14.69%	33276	0.336
于集镇	12608.1	3.88%	12.08%	41669	0.303
许营乡	11481.6	3.54%	11.83%	35332	0.325
朱老庄乡	11296.4	3.48%	11.66%	36768	0.307
东昌府区	324760.8		17.26%	1025614	0.320

全区居民点及独立工矿用地面积占土地总面积的17.26%。从居民点及独立工矿用地占全区该地类总面积比重看，占比重最大的为沙镇，面积为1808.0hm²，占全区此地类总面积的8.34%。按居民点及独立工矿用地占本乡镇总面积比重看，所占比重较大的有古楼办事处、柳园办事处、新区办事处、东城办事处和湖西办事处，面积分别为1154.5hm²、1231.0hm²、1594.1hm²、1080.5hm²和1050.0hm²。分别占该镇土地总面积的71.50%、62.11%、62.04%、44.02%和24.22%；所占比重最小的为张炉集镇，面积为744.3hm²，占全区此地类总面积的3.44%，占该镇土地总面积的14.69%。如图2-14所示。

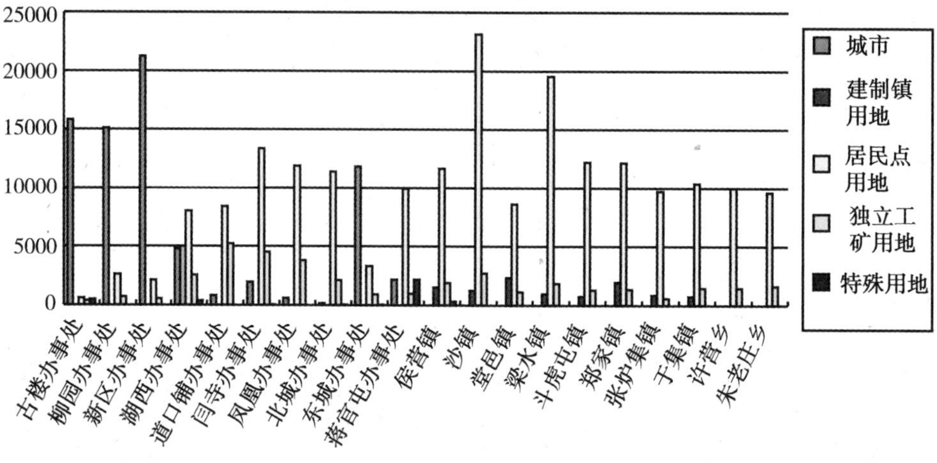

图 2-14 居民点及独立工矿用地类型的分布情况

全区人均占用居民点独立工矿用地为 213.34m^2。从人均所占比例看，东城办事处人均所占面积最大，人均占用量为 533.60m^2，所占面积最小的为柳园办事处，人均所占比例为 100.1m^2。

从图 2-14 可以看出，在城市用地中，因古楼办事处、柳园办事处、新区办事处、湖西办事处和东城办事处坐落在城区内，故所占城市面积最大；在居民点用地地类中，沙镇、梁水镇、斗虎屯镇所占比例最大，故为东昌府区 3 个最大的乡镇。特殊用地主要分布在蒋官屯办事处 146.3hm^2、古楼办事处 32.6hm^2、湖西办事处 24.9hm^2。

(二)交通运输用地

全区交通运输用地面积为 2244.2hm^2。其中铁路用地面积为 466.4hm^2，占交通运输用地面积的 20.78%；公路用地面积为 1777.8hm^2，占交通运输用地面积的 79.22%。如图 2-15 所示。

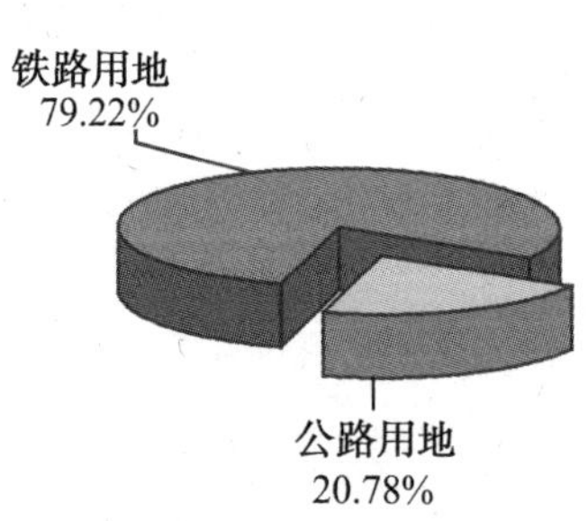

图 2-15 东昌府区交通用地分类构成图

从表 2-11 可以看出，从交通用地占总面积比例来讲，东昌府区的交通比较发达。京九铁路纵贯南北，济邯铁路和济聊馆高速公路横穿东西。区内主要公路干线有国道 1 条，省道 1 条，县级道路 4 条。

表 2-11　　东昌府区交通用地面积统计

项目 单位	交通用地面积（667m²）	总土地面积（667m²）	占总面积比重	总人口	人均占有（667m²）
东昌府区	33662.3	1881917.8	1.79%	1025614	0.03

从各乡镇交通运输用地占全区此地类总面积与交通运输用地占该镇土地总面积的比重看，闫寺办事处占比重为最大，面积为 317.9hm²，占全区交通运输用地总面积的 14.17%、本办事处土地总面积的 4.10%；张炉集镇无交通运输用地。

全区交通运输用地占土地总面积的 1.79%，人均占用量为 20.01m²。其中闫寺办事处人均占用比例最高，达 73.37m²。如表 2-12 和图 2-16 所示。

表 2-12　　各乡镇交通运输用地面积结构

单位	交通运输用地面积（667m²）	占全区交通运输用地总面积的比重	占其土地总面积的比重	总人口	人均占有交通运输用地（667m²）
古楼办事处	171.9	0.51%	0.71%	86896	0.002
柳园办事处	317.1	0.94%	1.07%	119179	0.003
新区办事处	649.6	1.93%	1.69%	113212	0.006
湖西办事处	2615.2	7.77%	4.02%	34501	0.076
道口铺办事处	2791.0	8.29%	3.38%	34045	0.082
闫寺办事处	4769.1	14.17%	4.10%	45187	0.106
凤凰办事处	2684.1	7.97%	2.71%	37795	0.071
北城办事处	3102.8	9.22%	3.28%	34866	0.089
东城办事处	1793.3	5.33%	4.87%	20342	0.088
蒋官屯办事处	2690.9	7.99%	3.70%	32499	0.083
侯营镇	1822.9	5.42%	1.58%	43799	0.042
沙镇	1168.2	3.47%	0.59%	88607	0.013
堂邑镇	1925.7	5.72%	2.09%	35004	0.055
梁水镇	1419.8	4.22%	0.66%	66856	0.021
斗虎屯镇	1842.9	5.47%	1.48%	42008	0.044
郑家镇	103.7	0.31%	0.10%	43773	0.002
张炉集镇	0.0	0.00%	0.00%	33276	0.000
于集镇	442.5	1.31%	0.42%	41669	0.011
许营乡	2504.8	7.44%	2.58%	35332	0.071
朱老庄乡	846.8	2.52%	0.87%	36768	0.023
东昌府区	33662.3		1.79%	1025614	0.033

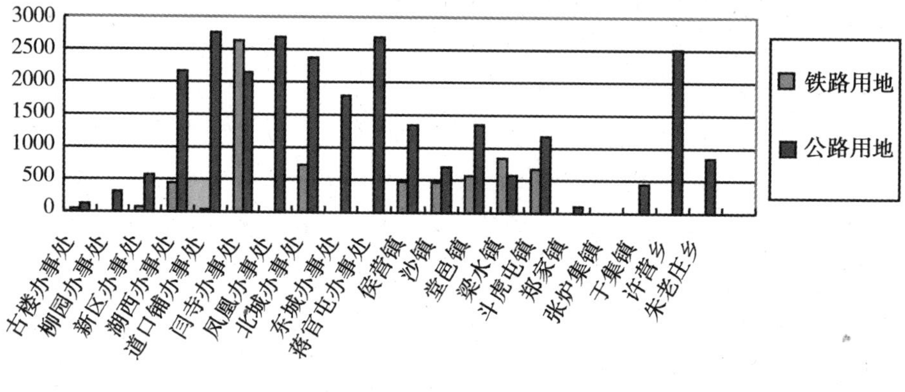

图 2-16 各乡镇交通用地分布状况图

（三）水利设施用地

全区水利设施用地面积为 669.7hm²，全部为水工建筑用地。

1. 水利设施用地分布状况

全区水利设施用地占全区土地总面积的 0.53%。从各乡镇占全区此地类面积比重与占本镇土地总面积的比重看，梁水镇和堂邑镇所占比重最大，其中梁水镇面积为 183.5hm²，占全区此地类面积的 27.41%，占本镇土地总面积的 1.28%；其次是堂邑镇，面积为 109.8hm²，占全区此地类面积的 16.40%，占本镇土地总面积的 1.79%。如表 2-13 所示。

表 2-13　　各乡镇水利设施用地面积结构

单位	水利设施用地面积（667m²）	占全区水利设施用地总面积的比重	占其土地总面积的比重	总人口	人均占有水利设施用地（667m²）
古楼办事处	208.4	2.07%	0.86%	86896	0.002
柳园办事处	92.9	0.92%	0.31%	119179	0.001
新区办事处	0.0	0.00%	0.0%	113212	0.000
湖西办事处	1114.3	11.09%	1.71%	34501	0.032
道口铺办事处	0.0	0.00%	0.0%	34045	0.000
闫寺办事处	0.0	0.00%	0.0%	45187	0.000
凤凰办事处	0.0	0.00%	0.0%	37795	0.000
北城办事处	721.2	7.18%	0.76%	34866	0.021
东城办事处	0.0	0.00%	0.00%	20342	0.000
蒋官屯办事处	543.5	5.41%	0.75%	32499	0.017
侯营镇	832.8	8.29%	0.72%	43799	0.019
沙镇	800.2	7.97%	0.40%	88607	0.009

续表

单位	水利设施用地面积(667m²)	占全区水利设施用地总面积的比重	占其土地总面积的比重	总人口	人均占有水利设施用地(667m²)
堂邑镇	1647.1	16.40%	1.79%	35004	0.047
梁水镇	2753.0	27.41%	1.28%	66856	0.041
斗虎屯镇	0.0	0.00%	0.0%	42008	0.000
郑家镇	270.2	2.69%	0.27%	43773	0.006
张炉集镇	0.0	0.00%	0.0%	33276	0.000
于集镇	0.0	0.00%	0.0%	41669	0.000
许营乡	0.0	0.00%	0.0%	35332	0.000
朱老庄乡	1061.0	10.56%	1.10%	36768	0.029
东昌府区	10044.6		0.53%	1025614	0.010

全区水利设施用地人均占用量为 6.67m^2。堂邑镇和梁水镇所占比例最大，分别为 33.35m^2 和 26.68m^2。

2. 水利设施用地类型状况

从图 2-17 可以看出，水工建筑地类中，梁水镇所占比例最大，面积为 183.5hm^2，其次是堂邑镇和湖西办事处，面积各为 109.8hm^2、74.3hm^2。

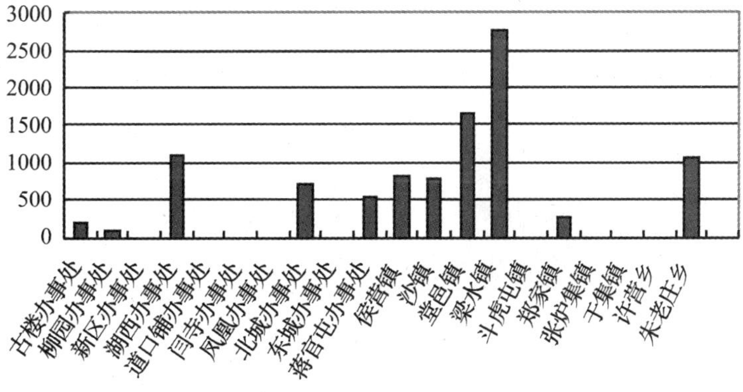

图 2-17　东昌府区各乡镇水利设施用地分布图

三、未利用地

全区未利用地面积为 1783.8hm^2，其中未利用土地面积为 171.2hm^2，占未利用地的 9.60%；其他土地面积为 1612.6hm^2，占未利用地的 90.40%，如图 2-18 所示。各乡镇未利用地分布如图 2-19 所示。

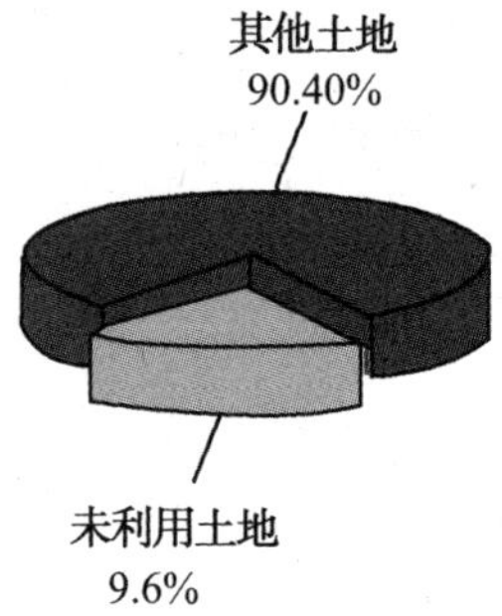

图 2-18　东昌府区未利用地分类构成图

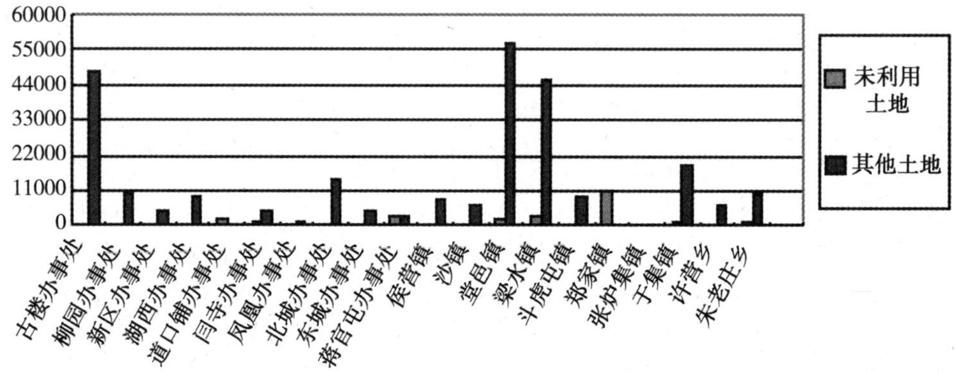

图 2-19　东昌府区各乡镇未利用地分布图

（一）未利用土地

全区未利用土地面积为 171.2hm^2，其中荒草地 96.7hm^2，占未利用土地的 56％；盐碱地面积为 74.5hm^2，占未利用土地的 44％。如图 2-20 和表 2-14 所示。

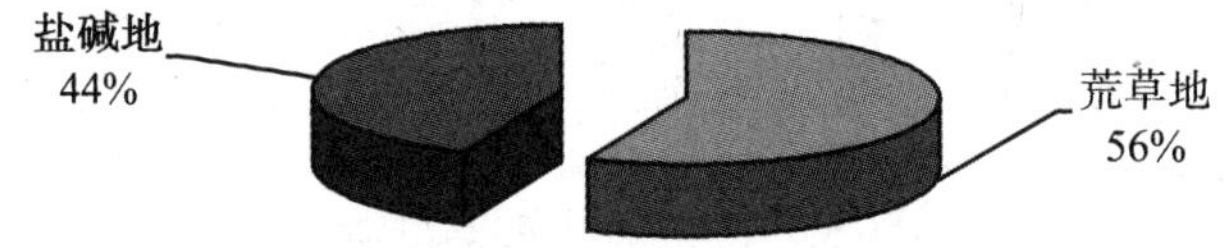

图 2-20　东昌府区未利用地分类构成图

表 2-14　东昌府区未利用土地三级分类面积统计

项目 / 单位	荒草地		盐碱地	
	面积（667m^2）	占总面积比重	面积（667m^2）	占总面积比重
东昌府区	1451.0	56％	1117.7	44％

（二）其他土地

全区未利用地中其他土地面积为 1612.6hm^2，其中河流水面积为 1514.4hm^2，占其他土地面积的 91％；苇地面积为 92.4hm^2，占其他土地面积的 8％；滩涂面积为5.8hm^2，占 1％。如图 2-21 所示。各乡镇其他未利用土地面积其结构如表 2-15 所示。

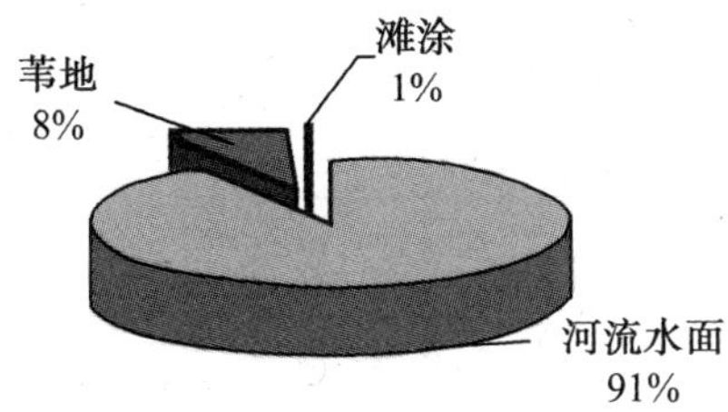

图 2-21　东昌府区土地分类构成图

表 2-15　各乡镇其他未利用地面积结构

单位	其他土地用地面积(667m²)	占全区其他土地总面积的%	占其土地总面积的%	总人口	人均占有其他未利用地(667m²)
古楼办事处	4365.0	18.05%	18.02%	86896	0.050
柳园办事处	933.9	3.86%	3.14%	119179	0.008
新区办事处	434.5	1.80%	1.13%	113212	0.004
湖西办事处	847.7	3.50%	1.30%	34501	0.025
道口铺办事处	74.6	0.31%	0.09%	34045	0.002
闫寺办事处	422.0	1.74%	0.36%	45187	0.009
凤凰办事处	126.8	0.52%	0.13%	37795	0.003
北城办事处	1325.0	5.48%	1.40%	34866	0.038
东城办事处	472.5	1.95%	1.28%	20342	0.023
蒋官屯办事处	312.6	1.29%	0.43%	32499	0.010
侯营镇	796.7	3.29%	0.69%	43799	0.018
沙镇	580.3	2.40%	0.29%	88607	0.007
堂邑镇	5204.2	21.52%	5.65%	35004	0.149
梁水镇	4128.6	17.07%	1.91%	66856	0.062
斗虎屯镇	818.4	3.38%	0.66%	42008	0.019
郑家镇	0.0	0.00%	0.0%	43773	0.000
张炉集镇	68.6	0.28%	0.09%	33276	0.002
于集镇	1752.5	7.25%	1.68%	41669	0.042
许营乡	577.1	2.39%	0.59%	35332	0.016
朱老庄乡	947.2	3.92%	0.98%	36768	0.026
东昌府区	24188.2		1.29%	1025614	0.024

(三)其他未利用土地类型及状况

从图 2-22 可以看出,梁水镇河流水面最多,占其他未利用土地总面积的 16.93%。

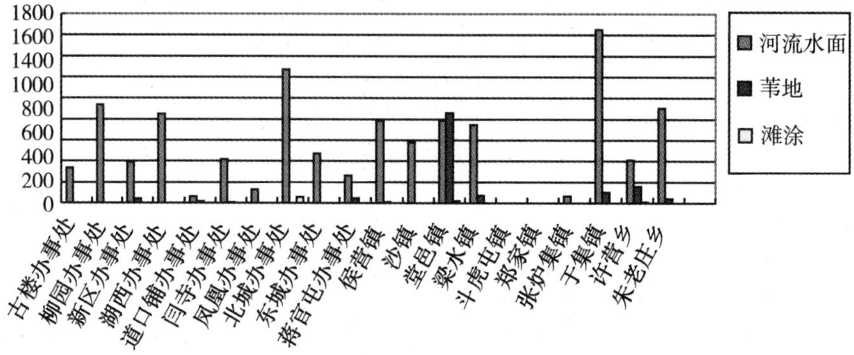

图 2-22 东昌府区各乡镇其他未利用地分布

第二节 土壤类型与分布

本区的土壤分潮土、盐土 2 个土类。潮土又有 4 个亚类:褐土化潮土、潮土、盐化潮土、碱化潮土。盐土只有 1 个亚类即为潮盐土。褐土化潮土(Ca1)共 24 个土种,计 26080hm^2,占全区土地总面积的 20.8%;潮土(Cb2)共 39 个土种,计 68127hm^2,占 54.3%;盐化潮土(Cc5)共 52 个土种,计 2848hm^2,占 22.7%;碱化潮土(Cd7)共 1 个土种,仅 53hm^2,潮盐土(Da1)共 12 个土种,(Da2)共 5 个土种,共计 2761hm^2,占 2.2%。全区共计 133 个土种。如表 2-16 所示。

表 2-16 东昌府区土种表

土种代号	土种名称	面积(667m^2)	占总面积比重(%)
Ca14/2	岗厚沙心两合土	1630.5	0.09
Ca14/4	岗厚沙腰两合土	41674	2.26
Ca15/4	岗厚沙腰小红土	2005.5	0.11
Ca14/6	岗厚沙底两合土	20281.5	1.10
Ca13/7	岗薄壤心白土	2646	0.14
Ca13/8	岗厚壤心白土	59533.5	3.22
Ca13/9	岗薄壤腰白土	1416	0.08
Ca13/10	岗厚壤腰白土	3390	0.18
Ca14/13	岗薄黏心两合土	1525.5	0.08
Ca13/14	岗厚黏心白土	730.5	0.04
Ca14/14	岗厚黏心两合土	68416.7	3.71
Ca15/14	岗厚黏心小红土	42537	2.30

续表

土种代号	土种名称	面积(667m²)	占总面积比重(%)
Ca13/15	岗薄黏腰白土	6865.5	0.37
Ca14/15	岗薄黏腰两合土	3031.5	0.16
Ca14/16	岗厚黏腰两合土	14744.5	0.8
Ca15/16	岗厚黏腰小红土	1132.8	0.61
Ca14/17	岗薄黏底两合土	3203.5	0.17
Ca15/17	岗薄黏底小红土	528	0.03
Ca13/18	岗厚黏底白土	2568	0.14
Ca14/18	岗厚黏底两合土	2350.5	0.13
Ca15/18	岗厚黏底小红土	4408.5	0.24
Ca13/19	岗沙均质白土	53398.5	2.89
Ca14/19	岗壤均质两合土	28153.5	1.52
Ca15/19	岗壤均质小红土	6867	0.37
Cb24/2	厚沙心两合土	15230.9	0.82
Cb26/2	厚沙心黏土	2537.2	0.14
Cb24/4	厚沙腰两合土	105697.9	5.74
Cb25/4	厚沙腰小红土	8280.7	0.45
Cb26/4	厚沙腰黏土	7734.8	0.42
Cb25/5	薄沙底小红土	1641	0.09
Cb24/6	厚沙底两合土	26927	1.46
Cb25/6	厚沙底小红土	6018.5	0.33
Cb26/6	厚沙底黏土	41512.3	2.25
Cb23/7	薄壤心白土	1698.7	0.09
Cb22/8	厚壤心沙土	1957.5	0.11
Cb23/8	厚壤心白土	40597.2	2.20
Cb23/9	薄壤腰白土	3015	0.16
Cb23/10	厚壤腰白土	4369.5	0.24
Cb22/11	薄壤底沙土	535.5	0.03
Cb23/12	厚壤底白土	1161	0.06
Cb23/13	薄黏心白土	2142.7	0.12
Cb24/13	薄黏心两合土	859.5	0.05
Cb25/13	薄黏心小红土	6417	0.35

续表

土种代号	土种名称	面积(667m²)	占总面积比重(%)
Cb23/14	厚黏心白土	1507.5	0.08
Cb24/14	厚黏心两合土	109439	5.93
Cb25/14	厚黏心小红土	173992.7	9.43
Cb21/15	薄黏腰沙土	1269	0.07
Cb23/15	薄黏腰白土	2418	0.13
Cb24/15	薄黏腰两合土	1422	0.08
Cb22/16	厚黏腰沙土	594	0.03
Cb23/16	厚黏腰白土	27238.5	1.48
Cb24/16	厚黏腰两合土	40024.7	2.17
Cb25/16	厚黏腰小红土	11939.8	0.65
Cb23/17	薄黏底白土	2952	0.16
Cb24/17	薄黏底两合土	1137	0.06
Cb23/18	厚黏底白土	9187.5	0.50
Cb24/18	厚黏底两合土	12395.5	0.67
Cb21/19	沙均质沙土	4710	0.26
Cb22/19	沙均质沙土	12241.5	0.66
Cb23/19	沙均质白土	177236.4	9.62
Cb24/19	壤均质两合土	35305.7	1.91
Cb25/19	壤均质小红土	3115	0.17
Cb26/19	黏均质黏土	95957.5	5.21
Cc54(1)/1	轻盐化薄沙心两合土	988.5	0.05
Cc54(1)/2	轻盐化厚沙心两合土	4812	0.26
Cc54(1)/2	中盐化厚沙心两合土	3387	0.18
Cc55(1)/2	轻盐化厚沙心小红土	810	0.04
Cc55(1)/2	中盐化厚沙心小红土	11287.5	0.61
Cc54(1)/4	轻盐化厚沙腰两合土	34539.5	1.87
Cc54(2)/4	中盐化厚沙腰两合土	5895	0.32
Cc55(2)/4	中盐化厚沙腰小红土	4362	0.24
Cc54(1)/5	轻盐化薄沙底两合土	1396.5	0.08
Cc54(1)/5	中盐化薄沙底两合土	3175.5	0.17
Cc54(1)/5	轻盐化厚沙底两合土	8223	0.45

续表

土种代号	土种名称	面积(667m²)	占总面积比重(%)
Cc54(2)/6	中盐化厚沙底两合土	4376.5	0.24
Cc55(2)/6	中盐化厚沙底小红土	2274	0.12
Cc56(1)/6	轻盐化厚沙底黏土	1065	0.06
Cc53(1)/7	轻盐化薄壤心白土	2362.5	0.13
Cc53(2)/7	中盐化薄壤心白土	2023.5	0.11
Cc53(1)/8	轻盐化厚壤心白土	27910.5	1.51
Cc53(2)/8	中盐化厚壤心白土	5500.5	0.30
Cc53(2)/11	中盐化薄壤底白土	1260	0.07
Cc53(1)/13	轻盐化薄黏心白土	240.7	0.01
Cc55(1)/13	轻盐化薄黏心小红土	415.5	0.02
Cc53(1)/14	轻盐化厚黏心白土	8281.5	0.45
Cc54(1)/14	轻盐化厚黏心两合土	5074.5	0.27
Cc54(2)/14	中盐化厚黏心两合土	1336.5	0.07
Cc55(1)/14	轻盐化厚黏心小红土	27546	1.49
Cc55(2)/14	中盐化厚黏心小红土	22344	1.21
Cc53(1)/15	轻盐化薄黏腰白土	9439.5	0.51
Cc53(2)/15	中盐化薄黏腰白土	4687.5	0.25
Cc54(1)/15	轻盐化薄黏腰两合土	2621.2	0.14
Cc54(2)/15	中盐化薄黏腰两合土	361.5	0.02
Cc54(2)/15	重盐化薄黏腰两合土	2253.5	0.12
Cc53(1)/16	轻盐化厚黏腰白土	4498.5	0.24
Cc53(2)/15	中盐化厚黏腰白土	5139	0.28
Cc54(1)/16	轻盐化厚黏腰两合土	14648.7	0.79
Cc54(2)/16	中盐化厚黏腰两合土	2223	0.12
Cc55(1)/16	轻盐化厚黏腰小红土	14261.5	0.77
Cc55(2)/16	中盐化厚黏腰小红土	2529	0.14
Cc52(1)/17	轻盐化薄黏底白土	9802.5	0.53
Cc55(1)/17	轻盐化薄黏底小红土	2055	0.11
Cc53(1)/18	轻盐化厚黏底白土	13908	0.75
Cc54(1)/18	轻盐化厚黏底两合土	10992	0.60
Cc54(2)/18	中盐化厚黏底两合土	529.5	0.03

续表

土种代号	土种名称	面积(667m²)	占总面积比重(%)
Cc55(1)/18	轻盐化厚黏底小红土	324	0.02
Cc53(1)/19	轻盐化沙均质白土	76732.4	4.16
Cc53(2)/19	中盐化沙均质白土	27558.5	1.48
Cc53(3)/19	重盐化沙均质白土	4072.5	0.22
Cc54(1)/19	轻盐化壤均质两合土	6018	0.33
Cc54(3)/19	重盐化壤均质两合土	1866	0.10
Cc55(1)/19	轻盐化壤均质小红土	5706	0.31
Cc56(1)/19	轻盐化黏均质黏土	3456	0.19
Cc56(2)/19	中盐化黏均质黏土	1564.5	0.08
Cc56(3)/19	重盐化黏均质黏土	586.5	0.03
Cd74(1)/14	轻壤化厚黏心两合土	822	0.04
Da14/4	白盐厚沙腰两合土	1377	0.07
Da14/6	白盐厚沙底两合土	528	0.03
Da13/8	白盐厚壤心白土	664.5	0.04
Da13/12	白盐厚壤底白土	1554	0.08
Da14/14	白盐厚黏心两合土	3507	0.19
Da13/15	白盐薄黏腰白土	816	0.04
Da13/16	白盐厚黏腰白土	2665.5	0.14
Da13/17	白盐薄黏底白土	1698.8	0.09
Da13/18	白盐厚黏底白土	2854.9	0.15
Da14/18	白盐厚黏底两合土	969.2	0.05
Da13/19	白盐沙均质白土	8259.7	0.45
Da14/19	白盐壤均质两合土	3696	0.20
Da24/2	油盐厚沙心两合土	2388	0.13
Da24/4	油盐厚沙腰两合土	5486	0.30
Da24/13	油盐薄黏心两合土	604.5	0.03
Da25/13	油盐薄黏心小红土	607.5	0.03
Da24/18	油盐厚黏底两合土	3355.5	0.18
总计:133		1846197	100

按表层质地分,沙质土 44035hm²,占全区土地总面积的 35.1%;壤质土 271108hm²,

占 56.6%；黏质土 10411hm^2，占 8.3%。

按土体构型分：上轻下重的“蒙金地”335167hm^2，占总面积的 27.2%；全剖面沙质或浅位、中位厚沙层的“漏型地”41574hm^2，占总面积的 33.8%。

一、潮土

我区土壤是在河流沉积物上，经耕种熟化而发育起来的一类旱地土壤。因受地下水作用，故名为潮土，河流沉积时流速不同，成土母质颗粒粗细不一，不仅在水平分布上有差异，而且在上下层次排列上也各有不同。潮土发生各层次质地和色泽均一，中下部土层有明显的锈纹锈斑和假菌丝体。土壤呈中性至微碱性，pH 为 7.0～8.5。

土壤是一种自然体，在周围环境条件影响下，不断发展变化。潜水是影响潮土发育的关键性因素，所以潜水位的高低和作用时间的长短，使潮土向不同的方向发育。当潜水出流加强，水位下降，淋溶作用占主导地位时，土壤便逐渐向褐土化潮土发育。当潜水出流减弱，水位上升时，其对表土的作用加强并起主要作用，表土积盐，土壤就逐渐发育成盐化潮土。

(一)褐土化潮土亚类

褐土化潮土主要分布在沙镇、郑家、张炉集、侯营以及朱老庄、闫寺、梁水镇等乡镇街道内，总面积 25559hm^2，24 个土种，占全区总面积的 20.76%。这类土壤多处在地势较高的河滩高地上，海拔高程多在 35m 以上，潜水埋深一般在 3～5m，矿化度多小于 1g/L，表土淋溶作用较强，一般无盐化威胁，土体内 60cm 左右有明显的假菌丝体或黏化层，100cm 左右有锈纹锈斑。

褐土化潮土，表层质地多数偏轻，理化性状较好，水、热、气条件较适宜，土壤肥力、粮棉产量较高，是本区主要粮棉产区。但干旱的威胁较大，需注意发展水利灌溉，方可确保丰收。

(二)潮土亚类

潮土本区分布最广，面积最大，全区 20 个乡镇办事处均有分布。共计 39 个土种，66860hm^2，占全区总面积的 54.30%。

潮土多处在碟形洼地、槽形洼地和微斜平地的中下部，常与轻盐化潮土复区存在，海拔高程多在 32m 左右，潜水埋深 2～3m，矿化度 1～2g/L。

由于潜水的垂直运动，土体中氧化还原过程交替进行，常在 60cm 上下出现锈纹锈斑，地下水直接参与成土过程。当地下水下降，对表土作用减弱，地表水泊淋溶作用加强并占优势时，潮土便向褐土化潮土发育。当潜水上升，对表土作用增大并起主导作用时，表土积盐逐渐形成盐化潮土。所以对潮土来讲，用水必须十分注意，稍有不慎，潜水上升，土壤便有次生盐渍化的危险。因而在水利建设上应小心从事，要有灌有排，控制灌水量，严防地下水上升。

因潮土多处在缓平坡地上，所以土质偏轻，多为壤质，耕作管理方便，适于各种作物生长。

(三)盐化潮土亚类

盐化潮土多分布于洼地边缘或缓平坡地的中下端和洼坡地带。全区共有 52 个土种，主要分布在梁水镇、道口铺、于集、斗虎屯、凤凰办事处、堂邑、沙镇、许营、蒋官屯和郑家。面积共 $27927hm^2$，占全区总面积的 22.68％。其中轻度盐化土壤面积 $19883hm^2$，中度盐化土壤面积 $7457hm^2$，重度盐化土壤面积 $585hm^2$。三种盐化潮土面积共 $4262hm^2$，占总面积的 3.46％。

该土壤一般是由潮土亚类演变而来，形成原因有自然因素和人为因素。

自然因素：①因该土主要发生在微斜平地和洼坡地上，这种地貌型使降水重新分布，产生地表径流、低洼积水，潜水水升高（2～3m），潜水水质较差（矿化度超过 3g/L）。②蒸发量大于降水量。尤其是春季，蒸发量为降水量的 8～10 倍，潜水毛管上升水大量上升，水受热汽化蒸发，所含的盐分积存在地表，造成表土积盐。③土壤质地偏轻，以砂壤和轻壤为主，土体中无隔水隔盐的黏土层，土壤和潜水中有可溶性盐类存在。④土地不平，小地形的高处蒸发量大。

人为因素：①灌水不合理，灌水量大，潜水滞流，水位上升。②排灌工程不配套，排水不畅通。③有机肥料用量少、质量差，使土壤结构变坏。④耕作管理差，因而引起地表积盐，形成盐斑。

因盐化潮土多分布于缓平坡地上，海拔高程 32～34m，潜水埋深 2～3m，矿化度 1～3g/L，耕层含盐量较高。其盐分组成中，以氯化物、硫酸盐为主，并含有一定量重碳酸盐。这类土壤的当前农业利用情况一般是一年两作，以小麦、玉米为主。改良利用措施，应注意渠系配套，合理灌溉，及时排水，防止地下水位上升。平整土地，增施有机肥，培肥地力。

二、盐土

盐土在本区多分布在背河槽状洼地或平坡地上，1980 年普查结果显示，有 1 个亚类（潮盐土）、2 个土属（白潮盐土、油潮盐土）、17 个土种，共 $2734hm^2$，占全区总面积的 2.22％，主要分布在凤凰办事处的刘道之、碱场李、王堂、王虎庙、谭庄一带，梁水镇孙路口、西郝、王枣科一带，堂邑放马场，侯营孙庄、罗庄，沙镇黄屯东、朱台南，湖西、道口铺、侯营镇交界处，另外，郑家、蒋官屯、于集等镇也有零星分布。

潮盐土形成原因基本上与盐化潮土相似，即盐化潮土的某些条件变得更坏，如它的潜水位比盐化潮土更高一些，为 1.5～2.5m，水质比盐化潮土更差些，其矿化度多数 3.0g/L 以上。以盐土的外部形态，表土颜色和盐分的化学成分，又有白潮盐土和油潮盐土。

（一）白潮盐土

地表有白色盐霜或盐结皮，干燥失水时常形成细碎的表土。盐分组成以硫酸盐为主，并含有相当量的氯化物和少量的重碳酸盐，全区共 $1907hm^2$。

（二）油潮盐土

油潮盐土的盐分组成以氯化物（$CaCl_2$ 和 $MgCl_2$）为主，并含有相当量的硫酸盐和少量的重碳酸盐。因氯化钙、氯化镁吸水能力较强，因而表土经常湿润发黑。全区共 $830hm^2$。潮盐土表土含盐量较高，土壤理化性状不良，水、气、热极不协调，肥力较低，影响农作物正常生长发育，所以，对这类土壤首先要注意改良，然后再考虑利用。要平整土地，搞好田间排水工程，降低地下水位，并因地制宜，增施有机肥料，改善土壤结构，培肥地力，选种耐盐作物，逐步改良利用。

第三节 耕地利用与管理

一、耕地利用现状

全区耕地面积为80786.2hm²。耕地地类构成以水浇地为主，面积79656.2hm²，占耕地面积的98.6%；菜地次之，面积为1125.0hm²，占耕地面积的1.39%；灌溉水田面积为3.7hm²，占耕地面积的0.01%；旱地1.2hm²。如表2-17所示。

2-17 东昌府区耕地面积统计表

项目 单位	耕地面积（667m²）	土地总面积（667m²）	耕地占总面积的比例（%）	总人口（人）	人均占有耕地（667m²）
东昌府区	1211792.3	1881917.8	64.00	1025614	1.18

（一）耕地的分布状况

我区各乡镇的耕地面积不尽相同。从各乡镇占全区耕地面积的比重看，所占比重最大的是梁水镇，耕地面积为10440.7hm²，约占全区耕地面积的12.92%；所占有比重最小的乡镇是古楼街道办事处，耕地面积为23.4hm²，约占全区耕地面积的0.03%。

全省人均占有耕地数820.41m²。从表2-18可以看出，我区人均占有耕地787.06m²，低于全省人均耕地数。其中梁水镇人均所占比例最大，人均占有耕地1547.44m²。而古楼办事处人均所占比例最小，人均占用耕地2.67m²。

表2-18 各乡镇耕地面积结构表

单位	耕地面积（667m²）	占耕地总面积的比重	总人口	人均占有耕地（667m²）
古楼办事处	350.8	0.03%	86896	0.004
柳园办事处	4553.4	0.38%	119179	0.04
新区办事处	8198.9	0.68%	113212	0.07
湖西办事处	33772.3	2.79%	34501	0.98
道口铺办事处	55186.2	4.55%	34045	1.61
闫寺办事处	73993.1	6.11%	45187	1.63
凤凰办事处	54100.8	4.46%	37795	1.44
北城办事处	60728.6	5.01%	34866	1.73
东城办事处	7739.9	0.64%	20342	0.38
蒋官屯办事处	41679.6	3.44%	32499	1.28
侯营镇	82387.6	6.80%	43799	1.88
沙镇	147869.0	12.20%	88607	1.67

续表

单位	耕地面积(667m²)	占耕地总面积的比重	总人口	人均占有耕地(667m²)
堂邑镇	59149.9	4.88%	35004	1.64
梁水镇	156609.9	12.92%	66856	2.32
斗虎屯镇	90716.1	7.49%	42008	2.15
郑家镇	72489.1	5.98%	43773	1.65
张炉集镇	55615.0	4.59%	33276	1.67
于集镇	70344.5	5.80%	41669	1.67
许营乡	68544.7	5.66%	35332	1.91
朱老庄乡	67762.9	5.59%	36768	1.83
东昌府区	1211792.3		1025614	1.18

从图 2-23 可以看出,由于东昌府区为平原地区,土质较好,绝大多数耕地为水浇地,其次为菜地。全区水浇地最多的乡镇为梁水镇,面积为 10230.7hm²。其次是沙镇,面积为 9762.1hm²。菜地最多的为许营乡,面积为 278.5hm²,其次为梁水镇,面积为 209.9hm²。

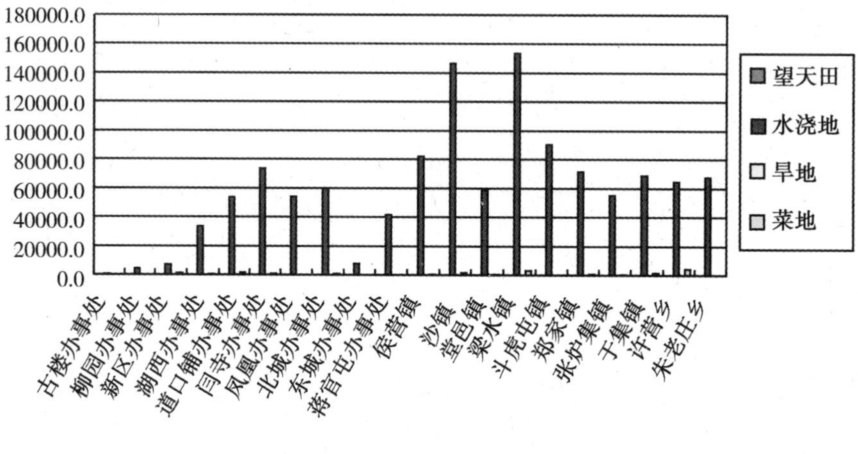

图 2-23 东昌府区耕地类型分布图

(二)耕地的合理利用与管理简要历史回顾

东昌府区于 1959 年进行第一次土壤普查,当时对土地进行平整,兴修水利,用养结合。1981 年进行第二次土壤普查,真正查清了各土壤类型、理化性状及其分布,找出制约当时农业生产的土壤问题并制定相应的改良利用措施。如针对土壤有机质含量低且缺磷严重的问题,大力开展秸秆还田。发展养殖业,增施有机肥,全面推广配方施肥,注重用养结合。地力提高很快,农业产量迅速增加,秸秆产量的增加也促进了养殖业的发展。随着经济不断发展,秸秆直接、间接还田量逐年增加,土壤有机物增加较快,加之精耕细作,改善了土壤理化性状,盐碱危害逐年减轻。原来的盐碱荒地全部被开发利用,多数变成中高产田。随着农业种植结构的不断调整，为适应市场，增加农民收入，地力培肥更加受到重视，平衡施肥得到逐步推广。农民认识的提高，促进了耕地的用、养结合，基本形成用地、养地的良性循环。近年来经济的发展造成道路建设、工业、房地产业对耕地的占用不断增加，政府加大了对荒地的开发利用力度，加快进行盐碱地改良、荒沙地改造等基本建设，进一步完善农田的林网化及水利条件的配套，有效地提高了耕地质量。

(三)影响我区耕地质量的主要因素

随着我国化工业的发展，化学肥料已成为当今农作物的主要肥料，所有农田普遍缺乏有机质肥料，出现了无机肥与有机肥使用不协调的现象，影响了农作物的高产优质。

在农业生产上偏重使用氮磷肥料，存在着重化肥、轻有机肥；重氮磷肥、轻钾肥；重大量元素、轻施或不施中微量元素的现象，由于农民施肥结构和方法不合理，首先造成肥料利用率低，资源浪费巨大；其次是导致耕地质量下降，质地不良，土壤严重板结，土壤次生盐渍化加重，影响作物对养分的吸收和利用，进而影响农业可持续发展；第三是造成了作物抗逆能力减弱，农产品品质下降，影响农产品市场竞争力；第四是造成对地表水、地下水的污染，导致湖泊富营养化，影响生态家园的建设。耕层浅、肥力低、土壤保水和抗旱防涝能力差、土壤的通透性差、农民施肥方法不当是目前我区农业可持续发展亟须解决的根本问题。

二、历年肥料投入状况

据东昌府区统计部门提供的资料，从 1993 年至 2007 年 14 年间，施肥情况如表 2-19 所示。

表 2-19　　历年来肥料投入情况

年份	合计	农用化肥施用量(t)			
		氮肥	磷肥	钾肥	复合肥
1993	42491	22597	10432	1375	7919
1994	37154	18477	7119	5131	6427
1996	38432	20107	9278	2074	69730
1997	40641	19872	8108	3577	9034
2000	43355	22948	7161	4094	9152
2002	40942	18738	6146	3892	12166
2004	42495	20401	5266	4085	12743
2005	44377	19226	7215	5075	12861
2006	44885	19310	7325	4928	13322
2007	45787	19390	7286	5397	13714

三、肥料施用中存在的问题

经过多年农业生产实践经验总结，根据作物栽培学、土壤肥料学、植物营养学、环境保护学、农业气候学、生物化学、食品卫生学等理论依据，目前在肥料施用中还存在诸多问题和误区。施肥上的盲目性、随机性是当前最大误区。不是以产定肥、按需配肥而是买什么用什么，有什么上什么，没有就不上。受传统观念的束缚，缺乏施肥原理，缺乏以产定肥及对施肥重要性的认识，单纯片面追求高产出，以致造成用肥不对路、产量低、效益差的结果。在生产实践中，屡见不鲜的问题是：农民无论种什么作物都施同种、同量肥料；无论氮、磷、钾有效含量多少都施同等重量的肥料；对所种的地块土壤营养成分摸不清，盲目施肥。

重用地轻养地，重化肥轻农肥和生物肥。农肥与化肥同等重要优势互补不可替代。有机肥料、无机肥料和生物肥料配合使用，才能使作物稳产、高产；才能培肥地力、增强农业后劲；改善农田生态环境，缓解因化肥施用比例失调造成的土壤退化；对生产无公害无污染、合格的A级、AA级绿色食品具有重要意义。为了更好地保持和提高土壤肥力，发扬我国重视有机肥的传统，使农业可持续发展和环境保护达到完美的结合，应重视提倡研究开发有机、无机、生物相结合的新型肥料。

缺乏对绿色产品与肥料关系的正确认识。化肥不是农药，不能将化肥与农药等同对待。除生物农药外，大部分农药对人、畜等生物及环境都有一定的危害及影响。施用化肥的目的是“促生”，用以满足作物平衡营养和制造有机物的要求。因此，在发展绿色有机产品时，不应将化肥与农药同等对待，化肥与农药是性质不同的两类农用化学品。

肥料利用率低，肥效差。目前我国化肥的当季利用率氮为30%～35%，磷为10%～20%，钾为35%～50%，平均当季化肥利用率为30%左右，而发达国家达到了50%～60%。由于化肥利用率低，使化肥的投入量进一步加大，加剧了化肥供求矛盾，而且造成极大的人力、财力、物力的浪费，还危害了环境。

施肥方法不当，新型肥料研究进展缓慢。我国自20世纪80年代末90年代初开始，进行了叶面肥料、缓释/控释肥料、微生物肥料、有机无机生物复混肥以及有机废弃物产业化的研究与开发，也取得了一些进展，但目前市场上出现的一些所谓新型肥料，多数科技含量不高，增产效果不稳定，且不能真正提高肥料利用率。施肥方法要改进，提倡有机肥与化肥配合施用；基肥、底肥、种肥与苗后追肥相结合，尿素深施，“垄三耕法”肥料层施；北方提倡秋施肥，尤其是有机肥或有机无机复混肥。

肥料品种结构不合理，土壤养分失衡。肥料品种结构不合理主要表现在有机肥与化肥生产施用数量及比例不相适应（横向比不适宜）。近年来农业生产实践表明，有机肥投入仍在继续下降。肥料品种结构不合理还表现在化肥氮、磷、钾、锌、硼、锰等营养元素的施用极不合理（纵向比不合理）。单纯施用化肥造成土壤板结，破坏土壤结构，生产力低下。养分间不平衡是指普遍重视施用氮、磷化肥，轻视钾肥施用，忽视中、微量元素施用。

对于以上肥料施用中的问题，有几点建议：

一是有机与无机结合。实施配方施肥必须以有机肥为基础。土壤有机质是土壤肥沃程度的重要指标。增施有机肥可以增加土壤有机质含量，改善土壤理化生物性状，提高土壤保水保肥能力，增强土壤微生物的活性，促进化肥利用率的提高。因此，必须坚持多种形式的有机肥料投入，才能够培肥地力，实现农业可持续发展。

二是大量、中量、微量元素配合。各种营养元素的配合是配方施肥的重要内容，随着产量的不断提高，在耕地高度集约利用的情况下，必须进一步强调氮、磷、钾肥的相互配合，并补充必要的中、微量元素，才能获得高产稳产。

三是用地与养地相结合，投入与产出相平衡。要使作物—土壤—肥料形成物质和能量的良性循环，必须坚持用养结合，投入产出相平衡。

第三章　样品采集与分析

第一节　土壤样品的布点与采集

土壤样品的采集是耕地地力评价的一个重要环节，采集有代表性的样品，是如实反映客观情况的先决条件。因此，应选择有代表性的地段和有代表性的土壤进行采样，并根据不同分析项目采用相关的采样和处理方法。为保证土壤样品的代表性，必须采取以下技术措施控制采样误差。

一、室内布置采样点

（一）确定采样单元

采样前要详细了解采样地区的土壤类型、肥力等级和地形等因素，将采样地区划分为若干个采样单元，每个采样单元的土壤要尽可能均匀一致。

土地评价采样单元为 33.35hm^2。为便于田间示范追踪和施肥分区需要，采样集中为典型农户，采样单元相对在中心部位，以一个面积为 667～6670m^2 的典型地块为主。

（二）室内布点

在 1∶50000 土地利用现状图上布点，统筹考虑土壤类型、作物布局、行政区划、肥力等级和地形等因素，33.35hm^2 为一采样单元。本次评价共布置采样点 2000 个。

二、确定采样时间

粮食作物及蔬菜在收获后或播种前采集（上茬作物已经基本完成生育进程，下茬作物还没有施肥），一般在秋后。

三、确定采样周期

同一采样单元，无机氮每季或每年采集 1 次，土壤速效磷、钾 2～4 年采集一次，微量元素 3～5 年采集 1 次。

四、确定取土点数量

要保证足够的取土点，使之能代表采样单元的土壤特性。取土点的多少，取决于采样单元的大小、土壤肥力的一致性等，一般以 15～20 个点为宜。

五、制定采样路线

采样时应沿着一定的线路,按照“随机”“等量”和“多点混合”的原则进行采样。一般采用S形布点采样,能够较好地克服耕作、施肥等造成的误差。在地形较小、地力较均匀、采样单元面积较小的情况下,也可采用梅花形布点取样,要避开路边、田埂、沟边、肥堆等特殊部位。

六、采样点定位

采样点采用GPS定位,记录经纬度,精确到0.01″。

七、采样深度

采样深度大田一般为0～20cm,测定土壤硝态氮或无机氮,采样深度应根据不同作物、不同生育期的主要根系分布深度来确定。

八、采样方法

每个采样点的取土深度及采样量应均匀一致,土样上层与下层的比例要相同。取样器应垂直于地面入土,深度相同。用取土铲取样应先铲出一个耕层断面,再平行于断面下铲取土。取土全部采用不锈钢取土器采样。

九、样品重量

一个混合土样以取土1kg左右为宜,如果样品数量太多,可用四分法将多余的土壤弃去。四分法是指将采集的土壤样品放在盘子里或塑料布上,弄碎、混匀,铺成四方形,画对角线将土样分成四份,把对角的两份分别合并成一份,保留一份,弃去一份。如果所得的样品依然很多,可再用四分法处理,直至所需数量为止。

十、样品标记

采集的样品放入统一的样品袋,用铅笔写好标签,内外各具一张。

第二节 土壤样品制备

一、新鲜样品

某些土壤中的成分如二价铁、硝态氮、铵态氮等在风干过程中会发生显著变化,必须用新鲜样品进行分析。为了能真实地反映土壤在田间自然状态下的某些理化性状,新鲜样品要及时送回室内进行处理分析,用粗玻璃棒或塑料棒将样品混匀后迅速称样测定。新鲜样品一般不宜储存,如需要暂时储存,可将新鲜样品装入塑料袋,扎紧袋口,放在冰箱冷藏室或进行速冻保存。

二、风干样品

从野外采回的土壤样品要及时放在样品盘上，摊成薄薄的一层，置于干净整洁的室内通风处自然风干，严禁暴晒，并注意防止酸、碱等气体及灰尘的污染。风干过程中要经常翻动土样并将大土块捏碎以加速干燥，同时剔除土壤以外的侵入体。风干后的土样按照不同的分析要求研磨过筛，充分混匀后，装入样品瓶中备用。瓶内外各放标签一张，写明编号、采样地点、土壤名称、采样深度、样品粒径、采样日期、采样人及制样时间、制样人等项目。制备好的样品要妥善储存，避免日晒、高温、潮湿和酸碱等气体的污染。全部分析工作结束，分析数据核实无误后，试样一般还要保存三个月至一年，以备查询。少数有价值需要长期保存的样品，须保存于广口瓶中，用蜡封好瓶口。

（一）一般化学分析试样

将风干后的样品平铺在制样板上，用木棍或塑料棍碾压，并将植物残体、石块等侵入体和新生体剔除干净，细小已断的植物须根，可采用静电吸附的方法清除。压碎的土样要全部通过 2mm 孔径筛。未过筛的土粒必须重新碾压过筛，直至全部样品通过 2mm 孔径筛为止。过 2mm 孔径筛的土样可供 pH 值、盐分、交换性能及有效养分项目的测定。将通过 2mm 孔径筛的土样用四分法取出一部分继续研磨，使之全部通过 0.25mm 孔径筛，供有机质、全氮、碳酸钙等项目的测定。

（二）微量元素分析试样

用于微量元素分析的土样，其处理方法同一般化学分析样品，但在采样、风干、研磨、过筛、运输、储存等环节都要特别注意，不要接触金属器具，以防污染。如采样、制样应使用木、竹或塑料工具。过筛使用尼龙网筛等。通过 2mm 孔径尼龙筛的样品可用于测定土壤有效态微量元素。

（三）颗粒分析试样

将风干土样反复碾碎，使之全部通过 2mm 孔径筛。留在筛上的碎石称量后保存，同时将过筛的土壤称量，以计算石砾质量百分数，然后将土样混匀后盛于广口瓶内，用于颗粒分析及其他物理性质测定。若在土壤中有铁锰结核、石灰结核、铁子或半风化体，不能用木棍碾碎，应细心拣出称量保存。

第三节 植物样品的采集与制备

一、采样要求

植物样品分析的可靠性受样品数量、采集方法及分析部位影响，因此，采样应具有：①代表性，采集样品能符合群体情况，采样量一般为 1kg。②典型性，采样的部位能反映所要了解的情况。③适时性，根据研究目的，在不同生长发育阶段，定期采样。粮食作物一般在成熟后收获前采集籽实部分及秸秆；发生偶然污染事故时，在田间完整地采集整株植株样品；水果及其他植株样品根据研究目的确定采样要求。

二、采样前准备工作

选择具有采样经验，明确采样方法和要领，对采样区域农业环境情况熟悉的技术人员负责采样。同时要备有采样区域的地形图、土壤分布图、污染源分布图、粮食作物分布图、交通行政图等，准备采样工具、采样袋(布袋、纸袋或塑料袋)、采样记录等。进行野外实地考察，调查各种环境因素，合理布点。发现问题立即纠正并绘制样点分布图，制订采样计划。

三、样品采集

(一)粮食作物

由于粮食作物生长的不均一性，一般采用多点取样，避开田边 2m，按梅花形(适用于采样单元面积小的情况)或 S 形采样法采样。在采样区内采取 10 个样点的样品组成一个混合样。采样量根据检测项目而定，籽实样品一般 1kg 左右，装入纸袋或布袋。要采集完整植株样品可以稍多采些，约 2kg 左右，用塑料纸包扎好。

(二)水果样品

在平坦果园中采样时，可采用对角线法布点采样，由采样区的一角向另一角引一对角线，在此线上等距离布设采样点，采样点多少根据采样区域面积、地形及检测目的确定。山地果园应按不同海拔高度均匀布点，采样点一般不应少于 10 个。对于树型较大的果树，采样时应在果树的上、中、下、内、外部及果实着生方位(东南西北)均匀采摘果实 1kg 左右。将各点采摘的果品进行充分混合，按四分法缩分，根据检验项目要求，最后分取所需份数，每份 1kg 左右，分别装入袋内，黏贴标签，扎紧袋口。水果样品采摘时要注意树龄、长势、载果数量等。

(三)蔬菜样品

蔬菜品种繁多，可大致分成叶菜、根菜、瓜果三类，按需要确定采样对象。在菜地采样可按对角线或 S 形法布点，采样点不应少于 10 个，采样量根据样本个体大小确定，一般每个点的采样量不少于 1kg。从多个点采集的蔬菜样，按四分法进行缩分，其中个体大的样本，如大白菜等可纵向对称切成四份或八份，取其 2 份的方法进行缩分，最后分取 3 份，每份约 1kg，分别装入塑料袋，黏贴标签，扎紧袋口。如需用鲜样进行测定，在采样时，最好连根带土一起挖出，用湿布或塑料袋装，防止萎蔫。采集根部样品时，在抖落泥土时或洗净泥土过程中应尽量保持根系的完整。市场采样，可参照市场水果取样进行。

(四)标签内容

包括采样序号、采样地点、样品名称、作物品种、土壤名称(或当地俗称)、成土母质、地形地势、耕作制度、前茬作物及产量、化肥农药施用情况、灌溉水源、采样点地理位置简图。果树要记载树龄、长势、载果数量等。

四、植株样品处理与保存

粮食籽实样品及时晒干脱粒，充分混匀后用四分法缩分至所需量。当需要洗涤时，注意时间不宜过长并及时风干。为了防止样品变质、虫咬，需要定期进行风干处理。使用不污染样品的工具和筛将稻谷去壳制成糙米，把糙米、麦粒、玉米粒等籽实粉碎，过 0.5mm 筛制成待测样品。测定重金属元素含量时，不要使用金属器械或钢制粉碎机、金属筛等，推荐使用竹质、木质、石质、瓷质和塑料质制品。完整的植株样品先洗干净，根据不同污染物和粮食作物生物学特性差异，采用能反映特征的植株部位，用不污染待测元素的工具剪碎样品，充分混匀用四分法缩分至所需的量，制成鲜样或于 60℃烘箱中烘干后粉碎备用。在田间（或市场）所采集的新鲜水果、蔬菜、烟叶和茶叶样品若不能马上进行分析测定，应暂时放入冰箱保存。

第四节　样品分析与质量控制

一、样品分析项目与方法

根据《全国耕地地力调查与质量评价技术规程》测试分析项目的要求，本次耕地地力调查与质量评价要求分析项目包括土壤理化性状及养分 18 项。分析化验方法如表 3-1 所示。

表 3-1　耕地地力调查分析项目测定方法

分析项目	测定方法
土壤样品	
土壤容重	环刀法
土壤空隙度	环刀法
pH	玻璃电极法
有机质	油浴加热重铬酸钾氧化—容量法
有效磷	碳酸氢钠浸提—钼锑抗比色法
速效钾	醋酸铵浸提—火焰光度法
全氮	凯氏蒸馏法
碱解氮	碱解扩散法
缓效钾	硝酸浸提—火焰光度法
有效性铜、锌、铁、锰	DTPA 浸提—原子吸收分光光度法
有效钼	草酸—草酸铵提取—极谱法
有效硼	沸水浸提—姜黄素比色法
有效态硫	磷酸盐—醋酸或氯化钙提取—硫酸钡比浊法
交换性钙、镁	醋酸铵交换—原子吸收分光光度法

二、化验室的质量控制

(一)实验室建设

1. 实验室布局

实验室使用面积不小于 $200m^2$,由样品处理室、样品保存室、天平室、电热室、分析室、浸提室、储藏室、危险品储藏室等组成。

样品干燥需要自然或强制通风,可安装远红外加热设备,但室温不宜超过 40℃。样品研磨需要强制通风、除尘。

样品保存室用于存放样品和参比样,一般样品需保存 3～6 个月,肥料田间试验的基础土壤样品应长期保存。

储藏室是实验室备用物品储藏的场所,主要是存放备用的化学试剂和仪器设备、备件等,必须独立。

浸提室应配置空调,用于样品浸提、稀释、显色等。

分析室应配置空调,用于放置原子吸收分光光度计(强排风)、火焰光度计(强排风)、紫外—可见分光光度计、酸度计等仪器,仪器一般应配置计算机,用于数据自动采集。

危险品储藏室最好设于大楼以外,主要存放少量易燃、易爆和剧毒危险品,必须有防渗、防爆、防盗设计。

浸提室、分析室等均需设上下水管线,配置防溅洒装置,如洗眼器、淋浴喷头等。

2. 环境

制定具体措施,保证①检测工作不受外部环境影响;②检测的废液、废水等有害物质对周围环境不产生不利影响;③检测人员的身体健康。

3. 仪器

主要包括以下仪器设备:原子吸收分光光度计、火焰光度计、紫外—可见分光光度计、凯氏定氮仪、酸度计、电导仪、超纯水器、样品粉碎机、振荡机、电热干燥箱、电子天平和计算机等。

4. 人员

应配备与检测任务相适应的技术人员。

(二)实验室环境条件的控制

一般可参考以下要求:

环境温度:15℃～35℃;

相对湿度:20℃～75%;

电源电压:220V±11V,注意接地良好;

噪声:仪器室噪声小于 55dB,工作间噪声小于 70dB;

含尘量:小于 $0.28mg/m^3$;

照度:200～350lx;

振动:天平室、仪器室应在 4 级以下,振动速度小于 0.20mm/s。

特殊仪器设备的使用,特殊样品试剂的存放和特殊分析项目的开展,应满足其各自规定的环境条件。

(三)人力资源的控制

按照计量认证的要求,配备相应的专业技术人员,定期培训,定期考核,确保人员素质。

(四)计量器具的控制

实验室计量器具主要有仪器设备、玻璃量器、标准物质三类。

1. 仪器设备

应购买已获产品质量认证的专业厂家生产的产品。对检测准确性和有效性有影响的仪器设备,应制定周期校核、检定计划。属强制性检定的,应定期送法定机构检定;属非强制性检定但有检定规程的,一般也应定期送检或自检,但自检应建标并考核合格;属非强制性检定又无检定规程的或不属计量器具但对检测准确性和有效性有影响的,应定期组织自校或验证。自检和验证常用的方法有使用有证标准物质和组织实验室间比对等。

2. 玻璃量器

应购置有《制造计量器具许可证》的产品。玻璃量器应按周期进行检定,其中与标准溶液配制、标定有关的,定期送法定机构检定,其余的由本单位具有检定员资格的人员按有关规定自检。

3. 标准物质

应购买国务院有关业务主管部门批准并授权生产,附有标准物质证书且在有效期内的产品。实验室的参比样品、工作标准溶液等应溯源到国家有证标准物质。

(五)参比样制备

1. 土样采集

选择有代表性的土壤类型,采集耕层土样,每类土样不低于 1000kg。样品采集要防止污染。

2. 样品制备

①风干:将田间采集的土壤摊平,放在无污染的塑料薄膜上风干。剔除植物残体、砂砾石块等侵入体和新生体。干燥期间注意防尘,避免直接暴晒。②磨碎与过筛:用机械粉碎机制样,通过 0.25mm 孔径筛。③混匀:把通过 0.25mm 孔径筛的土壤样品全部置于无污染的搅拌器内(如混凝土搅拌机或 BB 肥混合器)搅拌,直到搅拌均匀为止,搅拌时间视土样数量和搅拌器性能而定。将混匀的样品全都分装到塑料瓶中(样重约 1kg)备用。④定值:按检测要求将一定量的样品分发至 8 个以上条件良好的实验室,同一项目用统一的方法进行测试分析,结果经整理统计后,得到平均值和标准差。检测项目包括:有机质、pH、全氮、全磷、全钾、阳离子交换量、水解性氮、有效磷、速效钾、缓效钾、有效中微量元素等。

(六)实验室内的质量控制

1. 标准溶液的校准

标准溶液分为元素标准溶液和标准滴定溶液两类。应严格按照国家有关标准配制、使用和保存。

2. 空白试验

空白值的大小和分散程度,影响着方法的检测限度和结果的精密度。影响空白值的主要因素有:纯水质量、试剂纯度、试液配制质量、玻璃器皿的洁净度、精密仪器的灵敏度和精密度、实验室的清洁度、分析人员的操作水平和经验等等。空白试验一般平行测定的相对差值不应大于50%，同时，应通过大量的试验，逐步总结出各种空白值的合理范围。每个测试批次及重新配置药剂都要增加空白。

3. 精密度控制

精密度一般采用平行测定的允许差来控制。通常情况下，土壤样品需做10%～30%的平行。5个样品以下的，应增加为100%的平行。

平行测试结果符合规定的允许差，最终结果以其平均值报出，如果平行测试结果超过规定的允许差，需再加测一次，取符合规定允许差的测定值报出。如果多组平行测试结果超过规定的允许差，应考虑整批重做。

4. 准确度控制

准确度一般通过标准样品来控制。通常情况下，每批样品或每50个样品加测标准样品1个，其测试结果与标准样品标准值的差值，应控制在标准偏差(S)范围内。

采用参比样品控制与标准样品控制一样，但首先要与标准样品校准或组织多个实验室进行定值。在土壤测试中，一般用标准样品控制微量分析，用参比样品控制常量分析。如果标准样品(或参比样品)测试结果超差，则应对整个测试过程进行检查，找出超差原因再重新工作。此外，加标回收试验也经常用作准确度的控制。

5. 干扰的消除或减弱

干扰对检测质量影响极大，应注意干扰的存在并设法排除。排除的主要方法有：可采用物理或化学方法分离被测物质或除去干扰物质；利用氧化还原反应，使试液中的干扰物转化为不干扰的形态；加入络合剂掩蔽干扰离子；采用有机溶剂的萃取及反萃取消除干扰；采用标准加入法消除干扰；采用其他分析方法避开干扰。

6. 其他措施

实验室内的质量控制除上述日常工作外，还需要由质量管理人员对检测结果的准确度、重复性和复现性进行控制，对检测结果的合理性进行判断。

(1)准确度控制。用标准样品作为密码样，每年至少考核1～2次；尽可能参加上级部门组织的实验室能力验证和考核。

(2)重复性控制。按不同类别随机抽取样品，制成双样同批抽查；随机抽取已检样，编成密码跨批抽查；同(跨)批抽查的样品数量应控制在样品总数的5%左右。

(3)复现性控制。室内互检：安排同一实验室不同人员进行双人比对。室间外检：分送同一样品到不同实验室，按同一方法进行检测。方法比对：对同一检测项目，选用具有可比性的不同方法进行比对。

(4)检测结果的合理性判断。检测结果的合理性判断，是质量控制的辅助手段，其依据主要来源于有关专业知识。以土壤测试为例，其合理性判断的主要依据是：土壤元素(养分含量)的空间分布规律，主要是不同类型、不同区域的土壤背景值和土壤养分含量范围；土壤元素(养分含量)的垂直分布规律，主要是土壤元素(养分含量)在不同海拔高度或不同剖面层次的分布规律；土壤元素(养分含量)与成土母质的关系；土壤元素(养分含量)与地形地貌的关系；土壤元素(养分含量)与利用状况的关系；各检测项目之间的相互关系；检测结果的合理性判断，只能作为复验或外检的依据，而不能作为最终结果的判定依据。

（七）实验室间的质量控制

实验室间的质量控制是一种外部质量控制，可以发现系统误差和实验室间数据的可比性，可以评价实验室间的测试系统和分析能力，是一种有效的质量控制方法。

实验室间质量控制的主要方法为能力验证，即由主管单位统一发放质控样品，统一编号，确定分析项目、分析方法及注意事项等，各实验室按要求时间完成并报出结果，主管单位根据考核结果给出优秀、合格、不合格等能力验证结论。

为了保证化验室的分析质量，首先要进行人员的业务培训，然后再发标准样品进行考核，考核合格的化验室才能开展分析化验工作。仪器要通过检定或比对，保证量值传递的准确性，如果检定有困难，至少把天平送去检定。

第四章　土壤养分状况及评价

2005 年对全区耕地有机质、大中微量元素以及土壤物理、化学属性进行了调查分析，充分了解了各个营养元素的含量状况及不同含量级别的面积分布，不同土壤类型、质地、地貌及各个耕地土壤属性的现状，取得了大量的调查数据，为耕地地力评价创造了条件。

第一节　土壤有机质和 pH

一、土壤有机质

土壤有机质是土壤的重要组成成分，与土壤的演变、土壤肥力水平和土壤的其他属性有密切的关系。土壤有机质含有作物生长所需的多种营养元素，分解后可直接为作物生长提供营养元素。有机质具有改善土壤理化性状，影响和制约土壤结构形成及通气性、渗透性、缓冲性、交换性能和保水保肥性能的能力，是评价耕地地力的重要指标。对耕作土壤来说，培肥的中心环节就是增施各种有机肥，实行秸秆还田，保持和提高土壤有机质含量。

（一）耕层土壤有机质含量及分级

本次耕地地力调查共化验分析耕层土样 2000 个，土壤有机质含量变化范围为 5.5～22.3g/kg，平均值为 13.6g/kg，较 1980 年土壤普查提高 5.9g/kg。5.3％的土壤有机质含量在 10g/kg 以下；94.18％的土壤有机质含量在 10～20g/kg 范围内；0.52％的土壤有机质含量大于 20g/kg。2011 年对 2005 年所取土壤中的 300 个进行原点取样，化验的结果平均值为 14.72g/kg，较 2005 年增加了 1.12g/kg，说明秸秆还田对土壤有机质提升有良好的促进作用。土壤有机质的积累与矿化是土壤与生态环境之间物质和能量循环的一个重要环节。东昌府区位于暖温带半湿润季风气候区，干湿交替明显，夏季湿热，冬季干冷，其生物、气候条件有利于有机质分解，其土壤有机质含量较低。耕层土壤有机质分为 9 级，如表 4-1 所示。

表 4-1　　耕层土壤有机质各级别面积

级别	1	2	3	4	5	6	7	8	9
范围(g/kg)	＞20	18～20	16～18	14～16	12～14	10～12	8～10	6～8	＜6
面积(667 万 m^2)	0.72	2.80	12.21	37.53	39.70	20.71	4.07	1.81	0.45
占总耕地比例(％)	0.60	2.34	10.17	31.27	33.08	17.26	3.39	1.51	0.38

（二）增加土壤有机质含量的途径

土壤有机质的含量取决于其年生产量和矿化量的相对大小，当生产量大于矿化量时，有机质含量逐步减少。土壤有机质矿化量主要受土壤温度、湿度、通气状况、有机质含量等因素影响。一般来说土壤温度低、通气性差、湿度大时，土壤有机质矿化量较低；相反，土壤温度高、通气性好、湿度适中时则有利于土壤有机质的矿化。农业生产中应注意创造条件，减少土壤有机质的矿化量。日光温室、塑料大棚等保护地栽培条件下，土壤长期处于高温多湿的条件下，有机质易矿化，含量提高较慢，有机质含量普遍偏低。适时通风降温，减少盖膜时间将有利于土壤有机质的积累。

增加有机肥的施用量，是人为增加土壤有机质含量的主要途径，其方法主要有秸秆还田、增施有机肥、施用有机无机复合肥等。

二、土壤 pH

土壤 pH 不仅影响作物的生长，还影响土壤微生物的活性、营养元素的形态和转化，是较为重要的土壤属性。

此次调查全区共测定耕层土壤 pH 样点 1341 个，变幅为 7.6～8.8。2011 年对 2005 年所取土壤中的 300 个土壤样品进行原点取样，化验的结果变幅为 7.4～8.8。耕层土壤 pH 分为 4 级，各级别面积如表 4-2 所示。

表 4-2 土壤 pH 状况及分级（$n=1341$）

项目	范围	分级	面积（667 万 m^2）	占总耕地比例（%）
pH	7.6～8.8	≤7.5	0	0
		7.5～8.0	6.8	5.67
		8.0～8.5	112.5	93.73
		>8.5	0.72	0.60

第二节 土壤大量元素状况

一、土壤氮素

（一）耕层土壤全氮含量及分级

耕层土壤全氮含量变化范围为 0.434～1.546g/kg，平均值为 1.017g/kg，较 1980 年土壤普查提高 0.61g/kg。91.1%的土壤全氮含量在 0.6～1.2g/kg 范围内；8.2%的土壤全氮含量大于 1.2g/kg。2011 年对 2005 年所取土壤样品中的 300 个进行原点取样，化验的全氮含量结果平均值为 1.103g/kg，较 2005 年增加了 0.006g/kg。耕层土壤全氮含量分布规律与土壤有机质含量分布规律相似。耕层土壤全氮可分为 5 级，各含量级别面积如表 4-3 所示。

表 4-3　　耕层土壤全氮各级别面积

级别	1	2	3	4	5
范围(g/kg)	＞1.2	1.0～1.2	0.75～1.0	0.50～0.75	＜0.50
面积(667 万 m^2)	9.97	56.45	50.87	2.2	0.51
占总耕地比例(%)	8.31	47.04	42.39	1.83	0.42

(二)耕层土壤碱解氮含量及分级

土壤中易溶于水的有机态氮以及铵态氮和硝态氮统称速效氮，常用碱解法测定其含量，故又称碱解氮。它的含量水平常作为衡量供氮强度的指标，耕地土壤碱解氮含量与全氮含量有一定的相关性，但受人为施肥的影响较大。水解氮含量变化范围为 42.6～163.4mg/kg，平均值为 65.4mg/kg，较 1980 年土壤普查提高了 23.4mg/kg。耕层土壤碱解氮含量地域间差异较大，耕层土壤碱解氮可分为 6 级，各含量级别面积如表 4-4 所示。

表 4-4　　耕层土壤碱解氮各级别面积

级别	1	2	3	4	5	6
范围(mg/kg)	＞150	120～150	90～120	75～90	60～75	＜60
面积(667 万 m^2)	0.13	0.40	4.98	20.99	47.09	46.41
占总耕地比例(%)	0.11	0.34	4.15	17.49	39.24	38.68

二、土壤磷素

(一)耕层土壤有效磷含量及分级

土壤中的磷一般以无机态磷和有机态磷形式存在，通常有机态磷占全磷量的 35%左右，无机态磷占全磷量的 65%左右。无机态磷中易溶性磷酸盐和土壤胶体中吸附的磷酸根离子以及有机形态磷中易矿化的部分，被视为有效磷，约占土壤总含量的 10%。有效磷含量是衡量土壤养分含量和供应强度的重要指标。根据这次调查，全区耕层土壤有效磷含量变化范围为 4.9～110.1mg/kg，平均值为 23.2mg/kg，较 1980 年土壤普查提高了 18.6mg/kg。2011 年对 2005 年所取土壤中的 300 个样品进行原点取样，化验的有效磷含量结果平均值为 26.3mg/kg，较 2005 年增加了 3.1mg/kg。耕层土壤有效磷可划分为 8 级，各级别面积如表 4-5 所示。

表 4-5　　耕层土壤有效磷各级别面积(n=1341)

级别	1	2	3	4	5	6	7	8
范围(mg/kg)	＞110	80～110	40～80	20～40	15～20	10～15	5～10	＜5
面积(667 万 m^2)	0	1.567164	9.253731	34.62687	22.91045	21.1194	10.37313	0.149254
占总耕地比例(%)	0	1.899077	11.2136	41.96057	27.7627	25.59233	12.57008	0.180865

（二）影响土壤磷素有效性的因素

土壤中的有效磷含量占全磷量的10%，了解土壤磷素有效性的影响因素，有利于人为调节土壤理化性状，提高土壤有效磷含量。

1. 有机质

有机质含量高有利于磷素的转化和有效磷的储存。土壤中难溶性磷素需要在磷细菌的作用下，逐渐转化成有效磷，供作物吸收利用。土壤有机质有利于微生物的繁殖和微生物活性的提高，增强磷素转化速度。同时有效性的磷素与有机物质结合，减弱了土壤磷素的矿化作用，有利于有效磷储存积累。在农业生产中推广秸秆还田、增施有机肥可提高土壤有效磷含量。

2. pH

在土壤中，难溶性磷酸盐与生物呼吸作用产生的二氧化碳、有机肥料分解时产生的有机酸作用，可逐渐转变成为弱酸溶性或水溶性磷酸盐，因此，土壤中 pH 的高低与土壤磷素的有效性有密切关系。低 pH 环境有利于土壤有效磷含量的提高，反之则降低。东昌府区土壤 pH 多在 7.5 以上是造成粮田土壤有效磷含量较低的原因之一。

3. 氧化还原状况

土壤的氧化还原状况也影响磷的有效性，土壤处于还原状态时磷有效性高于氧化状态。当旱田改为水田时，土壤的还原电位降低，磷酸盐转化是向着有效方向进行，而水田改为旱田时则相反，磷酸盐向着有效性降低的方向转化。

4. 耕作深度

亚耕层土壤有效磷含量与耕作层深度有直接关系，加深耕作层可大大提高亚层土壤有效磷含量，有利于提高作物对磷素的吸收利用率。

三、土壤钾素

（一）耕层土壤缓效钾含量与面积分布

耕层土壤缓效钾平均含量为 694mg/kg，变幅 232～1139mg/kg。耕层土壤缓效钾含量不同级别面积分布如表 4-6 所示。

表 4-6 耕层土壤缓效钾各级别面积（n=388）

级别	1	2	3	4
范围（mg/kg）	＞900	750～900	500～750	＜500
面积（667 万 m^2）	4.23	33.85	74.66	7.25
占总耕地比例（%）	3.53	28.21	62.22	6.05

（二）耕层土壤速效钾含量与面积分布

全区耕层土壤速效钾含量变化范围为 50.0～320.0mg/kg，平均值为 120.4mg/kg。较 1980 年土壤普查提高了 64.9mg/kg。2011 年对 2005 年所取土壤中的 300 个样品进行原点取样，化验的速效钾含量结果平均值为 145.8mg/kg，较 2005 年增加25.4mg/kg。耕层土壤速效钾含量分为 6 级，各级别面积分布如表 4-7 所示。

表 4-7 耕层土壤速效钾各级别面积

级别	1	2	3	4	5	6
范围(mg/kg)	>240	160～240	120～160	80～120	60～80	<60
面积(667 万 m^2)	3.16	17.16	38.56	48.94	11.47	0.72
占总耕地比例(%)	2.63	14.30	32.13	40.78	9.56	0.60

(三)耕层土壤速效钾含量动态变化

据 1980 年土壤普查数据和 2005 年及 2011 年测土数据可知:1980 年至 2005 年土壤速效钾年均增长 2.6mg/kg。2005 年至 2011 年土壤速效钾年均增长 4.2mg/kg。近几年土壤速效钾增长较快,主要原因为:

①得益于近几年复合肥料的发展及农民施肥观念的更新。

②大力推广秸秆还田技术。因为秸秆中富含钾素,推广秸秆还田可使土壤速效钾恢复回升,据化验,每亩还田麦秸 300kg,玉米秸 600kg,可使土壤钾素提高 3～5mg/kg。

③平衡施肥技术推广。增加了钾肥投入,使钾肥投入比例增高。

第三节 土壤微量元素状况

土壤中锌、硼、铜、铁、锰 5 种微量元素,是作物生长必需的营养元素,对耕地地力和环境质量起着重要的作用,此次调查对其耕层含量及分布规律进行了调查分析。

一、土壤微量元素含量分级及面积

(一)土壤有效锌

耕层土壤有效锌平均含量为 1.71mg/kg,变幅 0.15～7.47mg/kg。耕层土壤有效锌含量分为 5 级,各级别面积如表 4-8 所示。

表 4-8 耕层土壤有效锌各级别面积

级别	1	2	3	4	5
范围(mg/kg)	>3	1～3.0	0.5～1	0.3～0.5	<0.3
面积(667 万 m^2)	12.93	68.12	30.18	6.75	2.01
占总耕地比例(%)	10.78	56.77	25.15	5.63	1.68

(二)土壤有效硼

耕层土壤有效硼平均含量为 0.86mg/kg,变幅 0.11～2.74mg/kg,耕层土壤有效硼含量分为 4 级,各级别面积如表 4-9 所示。

表 4-9 耕层土壤有效硼各级别面积

级别	1	2	3	4
范围(mg/kg)	1～3	0.5～1	0.2～0.5	<0.2
面积(667 万 m^2)	37.10	67.86	14.54	0.50
占总耕地比例(%)	30.92	56.55	12.12	0.42

（三）土壤有效锰

耕层土壤有效锰平均含量为 13.60mg/kg，变幅 3.14～25.96mg/kg。耕层土壤有效锰含量分为 4 级，各级别面积如表 4-10 所示。

表 4-10 耕层土壤有效锰各级别面积

级别	1	2	3	4
范围(mg/kg)	>15	10～15	5～10	<5
面积(667 万 m^2)	48.62	43.38	26.15	1.85
占总耕地比例(%)	40.51	36.15	21.79	1.54

（四）土壤有效铜

耕层土壤有效铜平均含量为 1.65mg/kg，变幅为 0.23～25.05mg/kg，耕层土壤有效铜含量分为 6 级，各级别面积如表 4-11 所示。

表 4-11 耕层土壤有效铜各级别面积

级别	1	2	3	4	5	6
范围(mg/kg)	>2.5	1.8～2.5	1～1.8	0.2～1	0.1～0.2	<0.1
面积(667 万 m^2)	9.72	21.27	71.24	17.77	0.00	0.00
占总耕地比例(%)	8.10	17.72	59.37	14.81	0.00	0.00

（五）土壤有效铁

耕层土壤有效铁平均含量为 9.02mg/kg，变幅为 3.4～35.53mg/kg。耕层土壤有效铁含量分为 4 级，各级别面积如表 4-12 所示。

表 4-12 耕层土壤有效铁各级别面积

级别	1	2	3	4
范围(mg/kg)	>20	10～20	4.5～10	2.5～4.5
面积(667 万 m^2)	0.86	34.59	83.83	0.72
占总耕地比例(%)	0.72	28.83	69.86	0.60

二、微肥的使用与推广

在土壤含量较低或对微量元素敏感的作物上施用微肥具有较明显的提高产量和改善品质的效果。这次调查结果表明，土壤锌缺乏，其次是硼缺乏，重点应施用在固定风砂土和脱潮土上。东昌府区从1992年开始大力推广在小麦、玉米、果树上施用锌肥，通过试验示范，增产幅度为8%～12%。锌肥可防治玉米白苗病和苹果、梨、桃树小叶病，并能改善作物生长状况，提高品质。硼肥在苹果、蔬菜等作物上施用面积较大，特别对防治苹果、番茄等作物“花而不实”、小麦“不稔”等疾病，取得了很好的效果，增产幅度一般在8%～15%。铁肥主要施用在果树上，用来防治果树黄叶病，效果较为明显。土壤基本不缺乏有效铜、锰，不需专门使用。钼肥一般在固定风砂土地区的敏感作物(即豆科作物)上推广应用。

目前，常用的锌、锰、铜、铁、钼肥主要是硫酸盐和铵盐类化合物，硼肥则以硼砂、硼酸为主，还有由其配制的各种冲施肥、叶面肥。硫酸盐类和铵盐类化合物、硼砂、硼酸可用来基施、追施、浸种、蘸根和叶面喷施，以基肥效果最佳，简便易行，每公顷用量一般为硫酸锌、硫酸锰、硫酸铜15～20kg，硼砂、硼酸5～10kg，钼酸铵1～2kg。叶面肥在果树和蔬菜上喷施效果较好，浓度应控制在0.2%左右。含微量元素的复混肥、冲施肥多用于基施或追施，施用量根据其成分组成而定。果树施铁肥数量较大，施用方法主要是叶面喷施。在有效铁含量很低的土壤上，采用挖沟、穴灌2%的硫酸亚铁溶液或将有机肥与铁肥按比例混合施入，可有效地补充土壤铁素不足，且肥效长，效果明显。

第四节 土壤主要物理性状

土壤的物理性状直接影响土壤的水、肥、气、热，是决定耕地地力的重要因素。它主要包括土壤质地、耕层厚度、土体构型、土壤容重、总孔隙度、田间持水量等方面。此次调查分析了土壤质地、土壤容重等项目。

一、土壤质地

东昌府区土壤质地主要有：松砂、紧砂、砂壤、轻壤、中壤、重壤六种类型，可概括为沙质、壤质、黏质三种。如表4-13所示。

表4-13 不同质地类型土壤面积

质地类型	沙质	壤质	黏质
面积($667m^2$)	647310.5	1044472.7	154413.8
占总土壤比例(%)	35.1	56.6	8.3

砂质(松砂、紧砂、砂壤)多分布于古河道或决口扇形地附近，是主流急水沉积物。所处地貌类型多为河滩高地和沙质河槽地。梁水镇、闫寺、道口铺西部，沙镇、郑家交界处，凤凰街道办事处以东，于集、许营的大部分地片以及其他乡镇的零星地段属于这类土壤，

共 43174hm²，约占全区总面积的 35.1%，属中产地块。

壤质(轻壤及中壤土)多分布在浅平洼地及缓平坡地上，质地多为两合土或小红土。主要分布在朱老庄、郑家、侯营、张炉集及湖西、斗虎屯的大部地片，除此之外在岗洼之间的过渡地带也有此类土壤共 69666hm²，约占全县总面积的 56.6%，养分含量较高，适耕性好，通透性优良，保肥性能强，适种各种作物，是全区最优良的土壤。

黏质(重壤)：为洼地静水沉积物，多分布在洼地的中心部位。主要分布在闫寺、道口铺以东，沙镇南部，徒骇、京杭运河沉岸洼地或河圈地带。面积较少，共 10298hm²，占全区总面积的 8.3%。质地黏重，通透性差，适耕性不良，保水、保肥好，土壤中养分含量高是其主要特点。

二、土体构型

土体构型是土壤分类的重要指标，影响土壤通透性和保肥、保水能力。全区耕地土壤土体构型分为“蒙金地”“透型地”和“漏型地”3 个类型。

“蒙金地”：“蒙金地”的特点是表层质地偏轻，多为砂壤、轻壤，耕性好，管理方便，适于各种作物生长。表土以下，浅位或中位有较厚的黏土层，隔水隔盐，保水保肥，是农业生产最好的土壤，也是建设高产稳产田首先考虑的对象。

“透型地”：这种土地全区共 48024.0hm²，占全区总面积的 39.0%，主要特点是整个土体质地砂壤适中，以壤质为主，水、气、热条件适宜，易耕作，适于各种作物生长，只是土体中无黏质夹层，保水保肥能力不如“蒙金地”。可通过增施有机质，实行秸秆还田，培肥地力，改善土壤结构，合理用水，科学施肥来获得粮食高产。

“漏型地”：这种土地的整个土体质地较轻，上下无黏质夹层，通气、透水性较强，漏水漏肥，是农业生产上较差的土壤，全区共 41577hm²，占全区面积的 33.8%。主要分布在本区的西南部，沙镇西北部，郑家东南部，闫寺西部，许营、于集、梁水镇、湖西等。此型有漏水漏肥的缺点，属不良构型，应通过增施有机质，实行秸秆还田，逐年加深耕作层改良。

三、土壤容重

土壤容重是土壤松紧程度和耕性好坏的标志之一，一般认为土壤容重在 1.14～1.26g/cm³之间为较为适宜。此次调查全区耕层土壤平均为 1.38g/cm³，变幅为 1.16～1.59g/cm³。不同质地类型耕层土壤容重如表 4-14 所示。

表 4-14 不同质地类型耕层土壤容重

质地	沙土	砂壤	轻壤	中壤	黏(重)壤
变幅	1.17～1.40	1.20～1.50	1.16～1.49	1.20～1.52	1.31～1.59
平均值(g/cm³)	1.32	1.37	1.36	1.35	1.45

除沙土平均为 1.32g/cm³、黏(重)壤平均为 1.45g/cm³外，其余各类型平均为 1.35～1.37g/cm³，差异不大。

四、土壤孔隙状况

土壤的通透性能，主要通过土壤孔隙状况来衡量。对作物生长来讲，较适宜的土壤总孔隙度一般在50%～55%之间。总孔隙度包括非毛管孔隙和毛管孔隙度。这次调查共测定样点100个，耕层土壤总孔隙度平均为49.9%，变幅为43.8%～57.7%；毛管孔隙度平均为38.6%，变幅为30.7%～46.6%；通气孔隙度平均为11.6%，变幅为3.9%～17.7%。

土壤孔隙状况与土壤质地关系密切，从紧砂、砂壤、轻壤到中壤，随着质地变黏总孔隙度和毛管孔隙度依次变大，紧砂土土壤通气孔隙度最大，通气状况最好，轻壤介于紧砂与中壤之间。

第五章　耕地地力评价

耕地是土地的精华，是农业生产不可替代的重要生产资料，是保持社会和国民经济可持续发展的重要资源。保护耕地是我们的基本国策之一，因此，及时掌握耕地资源的数量、质量及其变化对于合理规划和利用耕地，切实保护耕地有十分重要的意义。在通过全面的野外调查和室内化验分析获取大量耕地地力相关信息的基础上，我们进行了聊城市东昌府区耕地地力的综合评价，评价结果对于摸清全区耕地地力的现状及问题，为耕地资源的高效和可持续利用提供了重要的科学依据。

第一节　耕地地力评价方法

一、评价原则依据

(一)评价的原则

耕地地力就是耕地的生产能力，是在一定区域内一定的土壤类型上，耕地的土壤理化性状、所处自然环境条件、农田基础设施及耕作施肥管理水平等因素的总和。根据评价的目的要求，在东昌府区耕地地力评价中，我们遵循的基本原则是：

1. 综合因素研究与主导因素分析相结合原则

土地是一个自然经济综合体，是人们利用的对象，对土地质量的鉴定涉及自然和社会经济多个方面，耕地地力也是各类要素的综合体现。所谓综合因素研究，是指对地形地貌、土壤理化性状、相关社会经济因素等总体进行全面的研究、分析与评价，以全面了解耕地地力状况。主导因素是指对耕地地力起决定作用的、相对稳定的因子，在评价中要着重对其进行研究分析。因此，把综合因素与主导因素结合起来进行评价则可以对耕地地力做出科学准确的评定。

2. 共性评价与专题研究相结合原则

东昌府区耕地存在菜地、农田等多种类型，土壤理化性状、环境条件、管理水平不一，因此耕地地力水平有较大的差异。考虑区域内耕地地力的系统性、可比性，针对不同的耕地利用等状况，应选用统一的共同的评价指标和标准，即耕地地力的评价不针对某一特定的利用类型。另一方面，为了解不同利用类型的耕地地力状况及其内部的差异情况，对有代表性的主要类型如蔬菜地进行专题的深入研究。这样，共性的评价与专题研究相结合，使整个评价和研究具有更大的应用价值。

3. 定量和定性相结合的原则

土地系统是一个复杂的灰色系统，定量和定性要素共存，相互作用、相互影响。因此，为了保证评价结果的客观合理，宜采用定量和定性评价相结合的方法。在总体上，为了保证评价结果的客观合理，尽量采用定量评价方法，对可定量化的评价因子如有机质养分含量、土层厚度等按其数值参与计算；对非数量化的定性因子如土壤表层质地、土体构型等则进行量化处理，确定其相应的指数，并建立评价数据库，以计算机进行运算和处理，尽量避免人为随意性因素影响。在评价因素筛选、权重确定、评价标准、等级确定等评价过程中，尽量采用定量化的数学模型，在此基础上则充分利用人工智能和专家知识，对评价的中间过程和评价结果进行必要的定性调整。定量与定性相结合，从而保证了评价结果的准确合理。

4. 采用 GIS 支持的自动化评价方法原则

自动化、定量化的土地评价技术方法是当前土地评价的重要方向之一。近年来，随着计算机技术，特别是 GIS 技术在土地评价中的不断应用和发展，基于 GIS 的自动化评价方法已不断成熟，使土地评价的精度和效率大大提高。本次的耕地地力评价工作通过数据库建立、评价模型及与 GIS 空间叠加等分析模型的结合，实现了全数字化、自动化的评价流程，在一定的程度上代表了当前土地评价的最新技术方法。

（二）评价的依据

耕地地力是耕地本身的生产能力，因此耕地地力的评价依据与此相关的各类自然和社会经济要素，具体包括三个方面：

1. 耕地地力的自然环境要素

耕地地力的自然环境要素包括耕地所处的地形地貌条件、水文地质条件、成土母质条件以及土地利用状况等。

2. 耕地地力的土壤理化要素

耕地地力的土壤理化要素包括土壤剖面与土体构型、耕层厚度、质地、容重等物理性状，有机质、氮、磷、钾等主要养分，微量元素，pH，交换量等化学性状等。

3. 耕地地力的农田基础设施条件

耕地地力的农田基础设施条件包括耕地的灌排条件、水土保持工程建设、培肥管理条件等。

二、评价流程

整个评价可分为三个方面的主要内容，按先后的次序分别为：

①资料工具准备及数据库建立：根据评价的目的、任务、范围、方法，收集准备与评价有关的各类自然及社会经济资料，进行资料的分析处理。选择适宜的计算机硬件和 GIS 等分析软件，建立耕地地力评价基础数据库。

②耕地地力评价：划分评价单元，提取影响地力的关键因素并确定权重，选择相应评价方法，制订评价标准，确定耕地地力等级。

③评价结果分析：依据评价结果，量算各等级耕地面积，编制耕地地力分布图。分析耕地地力问题，提出耕地资源可持续利用的措施建议。

评价的工作流程如图 5-1 所示。

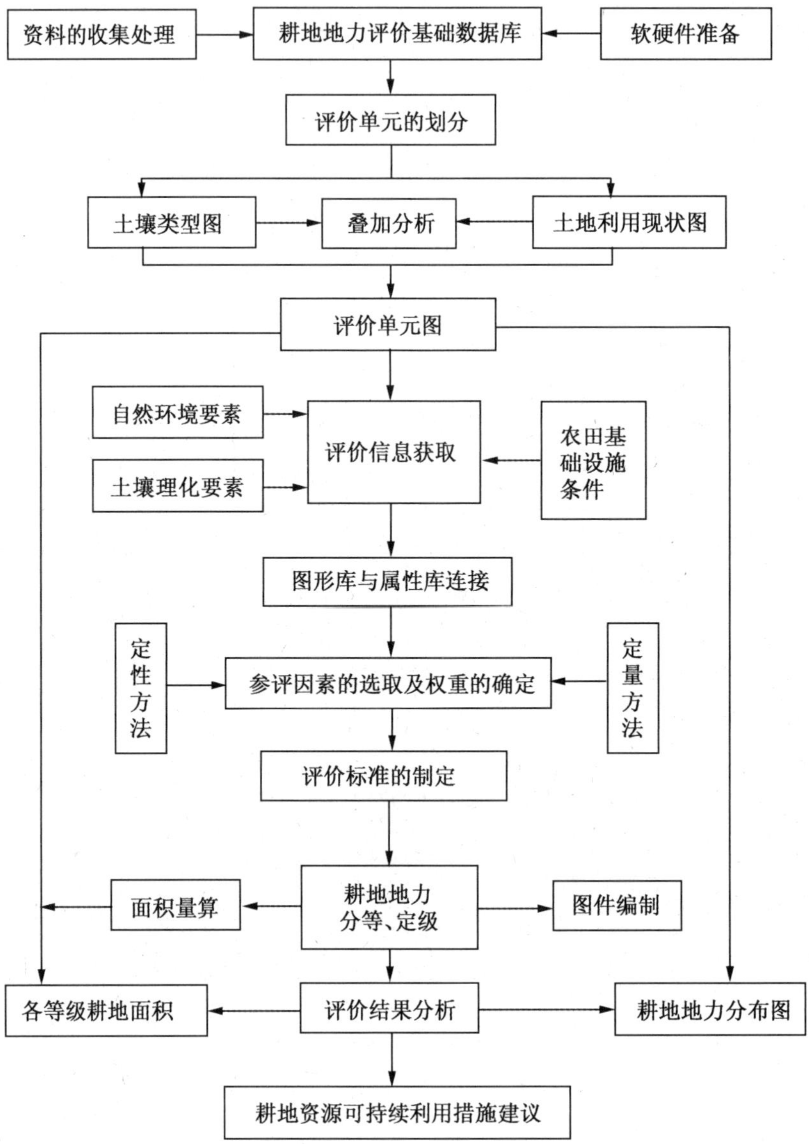

图 5-1　东昌府区耕地地力评价流程图

三、软硬件准备

(一)硬件准备

主要包括高档微机、A0 幅面数字化仪、A0 幅面扫描仪、喷墨绘图仪等。微机主要用于数据和图件的处理分析,数字化仪、扫描仪用于图件的输入,喷墨绘图仪用于成果图的输出。

(二)软件准备

首先 Windows 操作系统软件,其次是 FoxPro 数据库管理、Spss 数据统计分析、Access 数据管理系统等应用软件，再次是 MapGIS、ArcView、ArcMAP 等 GIS 软件。

四、资料收集处理

(一)资料的收集

耕地地力评价是以耕地的各性状要素为基础，因此必须广泛地收集与评价有关的各类自然和社会经济因素资料，为评价工作做好数据的准备。为本次耕地地力评价我们收集获取的资料主要包括以下几个方面：

1. 野外调查资料

野外调查资料按野外调查点获取，主要包括地形地貌、土壤母质、水文、土层厚度、表层质地、耕地利用现状、灌排条件、作物长势产量、管理措施水平等。

2. 室内化验分析资料

室内化验分析资料包括有机质、全氮、速效氮、速效磷、速效钾等大量养分含量，交换性钙、镁等中量养分含量，有效锌、硼、钼等微量养分含量以及 pH。

3. 社会经济统计资料

以行政区划为基本单位的人口、土地面积、作物及蔬菜瓜果面积以及各类投入产出等社会经济指标数据。

4. 基础及专题图件资料

1∶50000 比例尺地形图、行政区划图、土地利用现状图、地貌图、土壤图等。

(二)资料的处理

获取的评价资料可以分为定量资料和定性资料两大部分。为了采用定量化的评价方法和自动化的评价手段，减少人为因素的影响，需要对其中的定性因素进行定量化处理，根据因素的级别状况赋予其相应的分值或数值。此外，对于按调查点获取的各类养分等数据，则需要进行插值处理，生成各类养分图。

1. 定性因素的量化处理

土壤表层质地：考虑不同质地类型的土壤肥力特征以及与植物生长发育的关系，赋予不同质地类别以相应的分值(见表 5-1)。

表 5-1　　土壤表层质地的量化处理

质地类别	中壤	轻壤	重壤	砂壤	砂土
分值	100	95	80	70	55

土体构型：首先以土层质地类别和其在土体中的部位对各类土体构型进行归纳，根据不同的土体构型对植物生长发育的影响，赋予不同土体构型以相应的分值(见表 5-2)。

表 5-2　　土体构型的量化处理

土体构型	壤均质	壤质黏心	黏质壤心	砂质壤心	黏均质	砂质黏心	壤质砂心	砂均质
分值	100	90	87	80	77	70	65	58

地貌类型:根据不同的地貌类型对耕地地力及作物生长的影响,赋予其相应的分值(见表 5-3)。

表 5-3　　地貌类型的量化处理

地貌类型	缓平坡地	湖沼平原	岗地	洼地	滨海平地
分值	100	89	80	78	70

矿化度:根据不同的矿化度程度对耕地地力及作物生长的影响,赋予其相应的分值(见表 5-4)。

表 5-4　　矿化度的量化处理

矿化度(g/L)	<0.5	0.5～2	2～5	>5
分值	100	90	65	40

盐渍化程度:考虑到东昌府区的土壤分布中存在不同程度的盐渍化,将其盐渍化程度化分为不同的等级,并根据其对耕地地力的影响程度进行量化处理(见表 5-5)。

表 5-5　　土壤盐渍化程度的量化处理

盐渍化	无	轻度	中度	重度	盐土
分值	100	85	70	50	30

2. 各类养分专题图层的生成

对于土壤有机质、氮、磷、钾、锌、硼、钼等养分数据,我们首先按照野外实际调查点进行整理,建立了以各养分为字段,以调查点为记录的数据库。之后,进行了土壤采样样点图与分析数据库的连接,在此基础上插值生成各养分专题图层。

我们对比了分别在 MapGIS 和 ArcView 环境中的插值结果,发现 ArcView 环境中的插值结果线条更为自然圆滑,符合实际。因此,本研究中所有养分采样点数据均在 ArcView 环境下操作,利用其空间分析模块功能对各养分数据进行自动的插值处理,经编辑处理,自动生成各土壤养分专题栅格图层。后续的耕地地力评价也以栅格形式进行,与矢量形式相比,这种形式能够将各评价要素信息精确到栅格(像元)水平,保证了评价结果的准确。在 ArcView 下插值生成的东昌府区土壤有机质、全氮含量分布栅格图如图 5-2、图 5-3 所示。

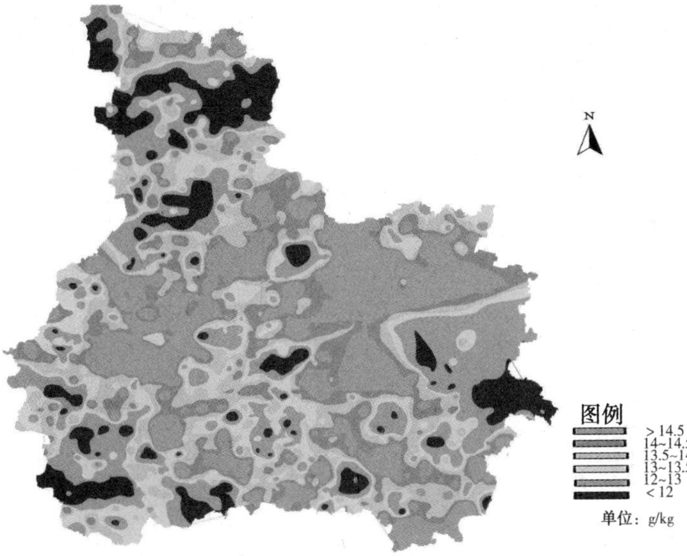

图 5-2 东昌府区土壤有机质含量栅格图

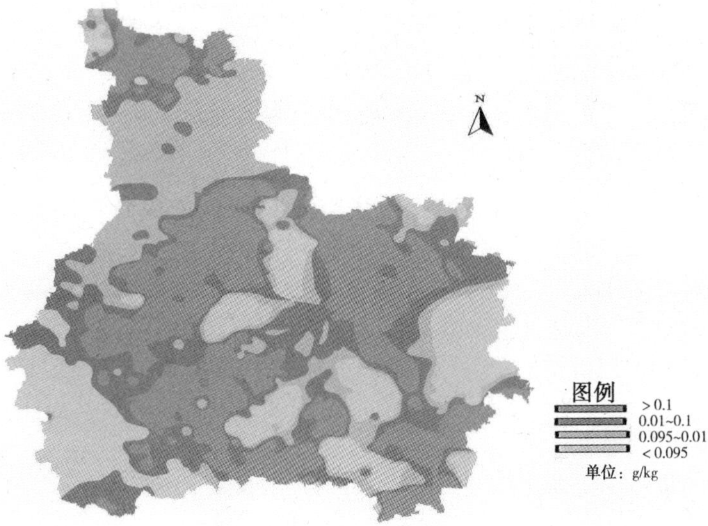

图 5-3 东昌府区全氮含量栅格图

五、基础数据库的建立

(一)基础属性数据库的建立

为了调查分析、数据整理、存储和后续应用的方便，结合耕地资源管理信息系统的建立，采用可视化数据管理系统 Access，研制建立了耕地地力调查与质量评价数据录入管理系统。该系统由 4 个数据录入模块组成，分别是：采样点基本情况调查信息录入、采样点农业生产情况调查信息录入模块、土壤理化性状化验分析数据录入模块、土壤污染元素化验分析数据信息录入模块。各模块以调查点进行原始数据录入模块，在此基础上进行汇总整理工作，作为后续耕地地力评价工作的基础。数据录入系统界面如图 5-4 所示。

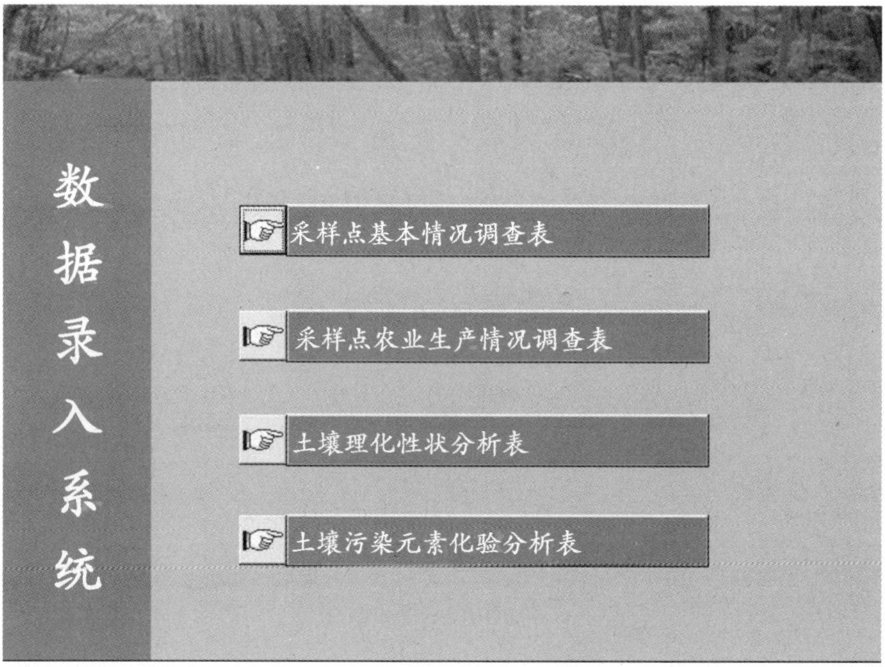

图 5-4　属性数据录入系统界面

（二）基础专题图图形库的建立

将扫描矢量化及插值等处理生成的各类专题图件，在 ArcView 和 MapGIS 软件的支持下，分别以栅格形式和点、线、区文件的形式进行存储和管理，同时将所有图件统一转换到相同的地理坐标系统下，再进行图件的叠加等空间操作。各专题图图斑属性信息通过键盘交互式输入或通过与属性库挂接读取，构成基本专题图图形数据库。图形库与基础属性库之间通过调查点相互连接。

六、评价单元的划分

评价单元是由对土地质量具有关键影响的各土地要素组成的空间实体，是土地评价的最基本单位、对象和基础图斑。同一评价单元内的土地自然基本条件、土地的个体属性和经济属性基本一致；不同土地评价单元之间，既有差异性，又有可比性。耕地地力评价就是要通过对每个评价单元的评价，确定其地力级别，把评价结果落实到实地和绘编的土地资源图上。因此，土地评价单元划分的合理与否，直接关系到土地评价的结果以及工作量的大小。

目前，对土地评价单元的划分尚无统一的方法，有以土壤类型划分、以土地利用类型划分、以行政区划单位划分、以方格网划分等多种方法。本次东昌府区耕地地力评价土地评价单元的划分采用土壤图、土地利用现状图的叠置划分法。相同土壤单元及土地利用现状类型的地块组成一个评价单元，即“土地利用现状类型—土壤类型”的格式。其中，土壤类型划分到土种，土地利用现状类型划分到二级利用类型，制图区界以东昌府区最新土地利用现状图为准。为了保证土地利用现状的现实性，通过基于野外的实地调查对耕地利用现状进行了修正。同一评价单元内的土壤类型相同，利用方式相同，交通、水利、经营管理方式等基本一致。用这种方法划分评价单元既可以反映单元之间的空间差异性，即使土地利用类型有了土壤基本性质的均一性，又使土壤类型有了确定的地域边界线，使评价结果更具综合性、客观性，可以较容易地将评价结果落实到实地。

通过图件的叠置和检索，将东昌府区耕地地力划分为5656个评价单元。

七、评价信息的提取

影响耕地地力的因子非常多，并且它们在计算机中的存储方式也不相同，因此如何准确地获取各评价单元评价信息是评价中的重要一环。鉴于此，我们舍弃直接从键盘输入参评因子值的传统方式，采取将评价单元与各专题图件叠加采集各参评因素的信息。具体的做法是：(1)按唯一标识原则为评价单元编号；(2)在ArcView环境下生成评价信息空间库和属性数据库；(3)在ArcMAP环境下从图形库中调出各化学性状评价因子的专题图，与评价单元图进行叠加，计算出各因子的均值；(4)保持评价单元几何形状不变，在耕地资源管理信息系统中直接对叠加后形成的图形的属性库进行“属性提取”操作，以评价单元为基本统计单位，按面积加权平均汇总评价单元立地条件评价因子的分值。

由此，得到图形与属性相连的，以评价单元为基本单位的评价信息，为后续耕地地力的评价奠定了基础。

第二节 参评因素的选取及其权重确定

正确地进行参评因素的选取并确定其权重，是科学地评价耕地地力的前提，直接关系到评价结果的正确性、科学性和社会可接受性。

一、参评因素的选取

参评因素是指参与评定耕地地力等级的耕地的诸属性，影响耕地地力的因素很多。在本次东昌府区耕地地力评价中，根据东昌府区的区域特点，遵循主导因素原则、差异性原则、稳定性原则、敏感性原则，采用了定量和定性相结合的方法，进行了参评因素的选取。

(一)系统聚类方法

系统聚类方法用于筛选影响耕地地力的理化性质等定量指标，通过聚类将类似的指标进行归并，辅助选取相对独立的主导因子。我们利用Spss统计软件进行了土壤养分等化学性状的系统聚类，结果如图5-5所示。

从图5-5中可以看出，氯离子、全盐、硝态氮、全氮、交换性钙、有效硅、交换性镁、有效硼、有效钼、有效铁、有效锰、有效锌、有效铜、有效硫聚为一组，有效磷、速效钾、碱解氮、缓效钾聚为一组，有机质为一组，pH为一组。

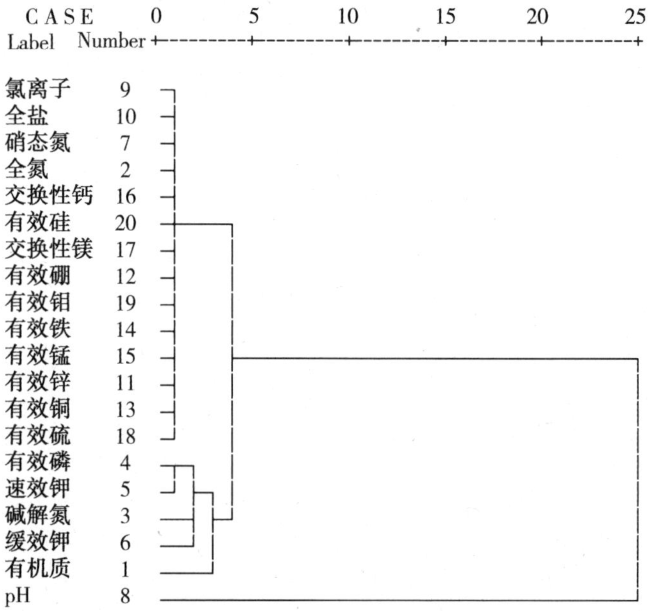

图 5-5　土壤养分等化学性状的聚类分析

(二)DELPHI 法

用 DELPHI 法进行了影响耕地地力的立地条件、物理性状等定性指标的筛选。我们确定了由土壤农业化学学者、专家及东昌府区土肥站业务人员组成的专家组，首先对指标进行分类，在此基础上进行指标的选取，并讨论确定最终的选择方案。

综合以上两种方法，根据各因素对耕地地力影响的程度以及营养元素的全面性，在聚类分析第一组中选取有效磷、有效锌为参评因素，第二组中选取有效硼为参评因素，第三组选取速效钾，第四组选取有机质。结合专家组选择结果，最后确定灌溉保证率、矿化度、地貌类型、耕层质地、土体构型、盐渍化程度、有机质、大量元素(速效钾、有效磷)、微量元素(有效锌、有效硼)等 11 项因素作为耕地地力评价的参评指标。

二、权重的确定

在耕地地力评价中，需要根据各参评因素对耕地地力的贡献确定权重，确定权重的方法很多，本评价中采用层次分析法(AHP)来确定各参评因素的权重。

层次分析法是在定性方法基础上发展起来的定量确定参评因素权重的一种系统分析方法，这种方法可将人们的经验思维数量化，用以检验决策者判断的一致性，有利于实现定量化评价。用 AHP 法确定参评因素的步骤如下：

①建立层次结构：耕地地力为目标层(G 层)，影响耕地地力的立地条件、物理性状、化学性状为准则层(C 层)，再把影响准则层中各元素的项目作为指标层(A 层)，其结构关系如图 5-6 所示。

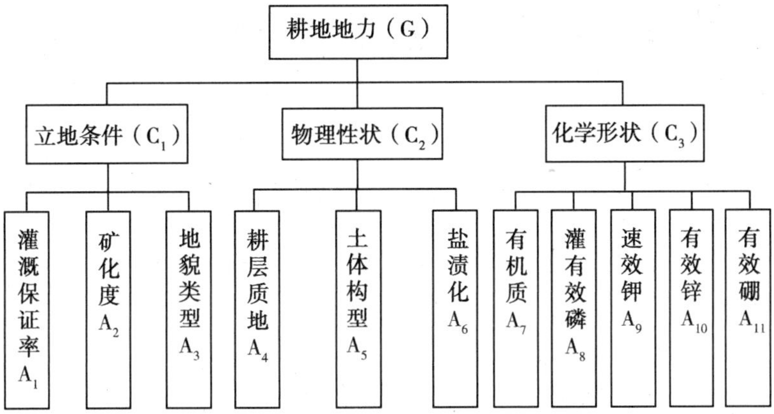

图 5-6 耕地地力影响因素层次结构

②构造判断矩阵：根据专家经验，确定 C 层对 G 层以及 A 层对 C 层的相对重要程度，共构成 A、C_1、C_2、C_3 4 个判断矩阵。例如，耕层质地、土体构型、盐渍化程度对耕地物理性状的判断矩阵表示为：

$$C_2=\begin{pmatrix} a_{11} & a_{12} & a_{13} \\ a_{21} & a_{22} & a_{23} \\ a_{31} & a_{32} & a_{33} \end{pmatrix}=\begin{pmatrix} 1 & 5 & 3 \\ 0.20 & 1 & 0.33 \\ 0.33 & 3 & 1 \end{pmatrix}$$

其中，a_{ij}（i 为矩阵的行号，j 为矩阵的列号）表示对 C_2 而言，a_i 对 a_j 的相对重要性的数值。

③层次单排序及一致性检验：即求取 A 层对 C 层的权数值，可归结为计算判断矩阵的最大特征根对应的特征向量。利用 Spss 等统计软件，得到的各权数值及一致性检验的结果如表 5-6 所示。

表 5-6　　权数值及一致性检验结果

矩阵	特征向量					C_I	CR
矩阵 A		0.3202	0.1226	0.5571		0.009148	0.01577204<0.1
矩阵 C_1		0.6329	0.1058	0.2613		0.020017	0.03451165<0.1
矩阵 C_2		0.6333	0.1061	0.2606		0.019410	0.03346558<0.1
矩阵 C_3	0.5036	0.2307	0.1526	0.0638	0.0492	0.044324	0.03957510<0.1

从表 5-6 中可以看出，CR<0.1，具有很好的一致性。

(4)层次总排序及一致性检验：经层次总排序，并进行一致性检验，结果为 $C_I=0$，CR=0，具有满意的一致性，最后计算 A 层对 G 层的组合权数值，得到各因子的权重如表 5-7 所示。

表 5-7　各因子的权重

灌溉保证率	0.2027	耕层质地	0.0777	有机质	0.2806	有效锌	0.0355
矿化度	0.0339	土体构型	0.0130	有效磷	0.1286	有效硼	0.0274
地貌类型	0.0837	盐渍化	0.0320	速效钾	0.0850		

第三节　耕地地力等级的确定

土地是一个灰色系统，系统内部各要素之间与耕地的生产能力之间关系十分复杂，此外，评价中也存在着许多不严格、模糊性的概念，因此我们在评价中引入了模糊数学方法，采用模糊评价方法来进行耕地地力等级的确定。

一、参评因素隶属函数的建立

用 DELPHI 法根据一组分布均匀的实测值评估出对应的一组隶属度，然后在计算机中绘制这两组数值的散点图，再根据散点图进行曲线模拟，寻求参评因素实际值与隶属度关系方程，从而建立起隶属函数。各参评因素的分级及其相应的专家赋值和隶属度如表 5-8 所示。

表 5-8　参评因素的分级及其分值

地貌类型	缓平坡地	湖沼平原	岗地	洼地	滨海平地
分值	100	89	80	78	70
隶属度	1.00	0.89	0.80	0.78	0.70
灌溉保证率	80	70	60	50	30
分值	100	90	80	65	40
隶属度	1.00	0.90	0.80	0.65	0.40
矿化度(g/L)	<0.5	0.5～2	2～5	>5	
分值	100	90	65	40	
隶属度	1.00	0.90	0.65	0.40	
有机质	2.0	1.8	1.6	1.4	1.2
分值	100	98	95	90	84
隶属度	1.00	0.98	0.95	0.90	0.84
有效磷	400	300	200	110	80
分值	70	80	90	100	98
隶属度	0.70	0.80	0.90	1.00	0.98
速效钾	400	320	240	160	120

续表

地貌类型	缓平坡地	湖沼平原	岗地	洼地	滨海平地
分值	100	98	93	85	82
隶属度	1.00	0.98	0.93	0.85	0.82
有效锌	2.0	1.5	1.2	1.0	0.8
分值	100	92	87	85	80
隶属度	1.00	0.92	0.87	0.85	0.80
有效硼	1.8	1.5	1.2	1.0	0.8
分值	100	95	87	85	80
隶属度	1.00	0.95	0.87	0.85	0.80
耕层质地	中壤	轻壤	重壤	砂壤	砂土
分值	100	95	80	70	55
隶属度	1.00	0.95	0.80	0.70	0.55
土体构型	壤均质	壤质黏心	黏质壤心	砂质壤心	黏均质
分值	100	90	87	80	77
隶属度	1.00	0.90	0.87	0.80	0.77
盐渍化	无	轻度	中度	重度	盐土
分值	100	85	70	50	30
隶属度	1.00	0.85	0.70	0.50	0.30

通过模拟共得到正直线型、戒上型、概念型三种类型的隶属函数，其中有效磷、速效钾等属于戒上型隶属函数，矿化度属于正直线型隶属函数，土体构型、耕层质地、盐渍化等描述性因素属于概念型隶属函数，然后根据隶属函数计算各参评因素的单因素评价评语。以有机质为例绘制的散点图和模拟曲线如图 5-7、图 5-8 所示。

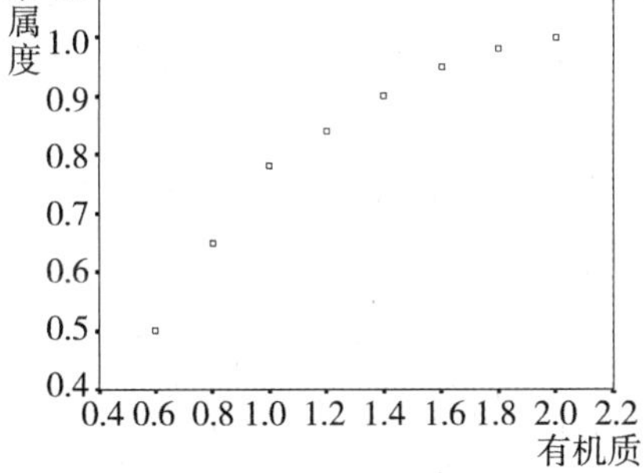

图 5-7　有机质与隶属度关系散点图

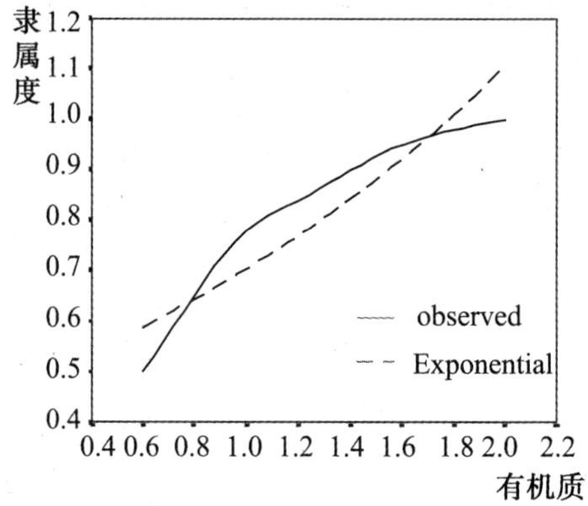

图 5-8 有机质与隶属度关系曲线

其隶属函数为戒上型,形式为:

$$y=\begin{cases}0 & (x\leqslant x_t)\\ 1/[1+a\times(x-c)^2] & (x_t<x<c)\\ 1 & (c\leqslant x)\end{cases}$$

各参评因素类型及其隶属函数如表 5-9 所示。

表 5-9 参评因素类型及其隶属函数

函数类型	参评因素	隶属函数	a	c
戒上型	有机质含量(%)	$y=1/[1+a\times(x-c)^2]$	0.542986462	1.821973978
戒上型 <110	有效磷(mg/kg)	$y=1/[1+a\times(x-c)^2]$	0.000099	80.159
戒上型 >110			0.0000032	27.031
戒上型	速效钾(mg/kg)	$y=1/[1+a\times(x-c)^2]$	0.0000076	327.836
戒上型	有效锌(mg/kg)	$y=1/[1+a\times(x-c)^2]$	0.249	1.885
戒上型	有效硼(mg/kg)	$y=1/[1+a\times(x-c)^2]$	0.251	1.879
直线型	灌溉保证率(%)	$y=ax+c$	1.294	−0.0054
正直线型	矿化度(分值)	$y=a+cx$	0	1
概念型	土体构型(分值)	$y=ax$	0.01	
概念型	耕层质地(分值)	$y=ax$	0.01	
概念型	盐渍化(分值)	$y=ax$	0.01	
概念型	地貌类型(分值)	$y=ax$	0.01	

二、耕地地力等级的确定

(一)计算耕地地力综合指数

用指数和法来确定耕地的综合指数,公式为:

$$\text{IFI}=\sum F_i \times C_i$$

式中：IFI(Integrated Fertility Index)代表耕地地力综合指数；F_i 为第 i 个因素评语；C_i 为第 i 个因素的组合权重。

具体操作过程：在县域耕地资源管理信息系统中，在“专题评价”模块中编辑立地条件、物理性状和化学性状的层次分析模型以及各评价因子的隶属函数模型，然后选择“耕地生产潜力评价”功能进行耕地地力综合指数的计算。

（二）确定最佳的耕地地力等级数目

计算耕地地力综合指数之后，在耕地资源管理系统中选择累积曲线分级法进行评价，根据曲线斜率的突变点（拐点）来确定等级的数目和划分综合指数的临界点。共将东昌府区耕地地力划分为六级，各等级耕地地力综合指数如表 5-10 所示。

表 5-10　　东昌府区耕地地力等级综合指数

IFI	>0.889	0.876～0.889	0.867～0.876	0.856～0.867	0.846～0.856	<0.846
耕地地力等级	一级	二级	三级	四级	五级	六级

三、图件的编制

为了提高制图的效率和准确性，在地理信息系统软件 MapGIS 的支持下，进行东昌府区耕地地力评价图及相关图件的自动编绘处理。其步骤大致分以下几步：扫描矢量化各基础图件→编辑点、线→点、线校正处理→统一坐标系→区编辑并对其赋属性→根据属性赋颜色→根据属性加注记→图幅整饰输出。此外还充分利用了 ArcView 和 ArcGIS 强大的空间分析功能，将评价图与其他图件进行叠加，从而生成其他专题图件；将评价图与行政区划图叠加，进而计算各行政区划单位内的耕地地力等级面积等。

（一）专题图地理要素底图的编制

专题图的地理要素内容是专题图的重要组成部分，用于反映专题内容的地理分布，并作为图幅叠加处理等的分析依据。地理要素的选择应与专题内容相协调，考虑图面的负载量和清晰度，应选择基本的、主要的地理要素。

我们以东昌府区最新的土地利用现状图为基础，对此图进行了制图综合处理，选取主要的居民点、交通道路、水系、境界线等及其相应的注记，进而编辑生成 1∶50000 各专题图地理要素底图。

（二）耕地地力评价图的编制

以耕地地力评价单元为基础，根据各单元的耕地地力评价等级结果，对相同等级的相临评价单元进行归并处理，得到各耕地地力等级图斑。在此基础上，分 2 个层次进行图面耕地地力等级的表示：一是颜色表示，即赋予不同耕地地力等级以相应的颜色，我们以绿色系表示高等级地力，依次按“绿色→黄色→红色”的顺序向低等级地力过渡。其次是代号，用罗马数字Ⅰ、Ⅱ、Ⅲ、Ⅳ、Ⅴ、Ⅵ表示不同的耕地地力等级，并在评价图相应的耕地地力图斑上注明。将评价专题图与以上的地理要素图复合，整饰得到东昌府区 1∶50000 耕地地力评价图（见附录）。

（三）其他专题图的编制

对于有机质含量、速效钾、有效磷、有效锌等其他专题要素地图，则按照各要素的分级分别赋予相应的颜色，同时标注相应的代号，生成专题图层。之后与地理要素图复合，编辑处理生成专题图件并进行图幅的整饰处理，部分最终专题图(见附录)。

四、面积量算

面积的量算可通过与专题图相对应的属性库的操作直接完成。对耕地地力等级面积的量算，则可在 FoxPro 数据库的支持下，对图件属性库进行操作，检索相同等级的面积，然后汇总得各类耕地地力等级的面积，根据东昌府区图幅理论面积进行平差计算，得到准确的面积数值。对于不同行政区划单位内部，不同的耕地利用类型等的耕地地力等级面积的统计，则通过耕地地力评价图与相应的专题图进行叠加分析，由其相应属性库统计获得。

第六章　耕地地力分析

本次耕地地力分析，按照农业部耕地质量调查和评价的规程及相关标准，结合当地实际情况，选取了对耕地地力影响较大，区域内变异明显，在时间序列上具有相对稳定性，与农业生产有密切关系的 11 个因素，建立评价指标体系。以土壤图与土地利用现状图叠加形成评价单元，应用模糊综合评判方法，通过综合分析，共将全区耕地划分为 6 个等级，根据评价结果进行耕地地力的系统分析。

第一节　耕地地力等级与分布

一、耕地地力等级面积统计

利用 MapGIS 软件，对评价图属性库进行操作，检索统计耕地各等级的面积和图幅总面积。以 2007 年东昌府区耕地总面积为基准，按面积比例进行平差计算，统计得到各耕地地力等级面积。

东昌府区耕地总面积为 76753.33hm^2，各等级耕地比例相对较为均衡，其中以二级地、三级地、四级地为主，每一级占耕地总面积的比例接近或超过 20%，三者比例之和占到了耕地总面积的 61.96%；其次是一级地和五级地，占耕地总面积的 28.79%；六级地面积较少，占总面积的 9.25%。如表 6-1 所示。

表 6-1　　东昌府区耕地地力评价结果面积统计

等级	一级地	二级地	三级地	四级地	五级地	六级地	总计
面积(hm^2)	11127.14	17874.42	14930.74	14750.44	10971	7099.5	76753.33
百分比(%)	14.5	23.29	19.45	19.22	14.29	9.25	100

二、耕地地力空间分布分析

（一）耕地地力等级分布

一级地和二级地主要分布于东昌府区中部和北部地区，该区域内农业基础设施均配套成型，测土配方施肥工程也首先在这一区域展开。三级地分布比较分散，但主要集中在南部地区，属于只要加大资金投入、完善基础设施、改善生产条件，产量就能大幅提高的中产田类型，有一定的开发潜力。四级地与五级地主要分布于西部和北部部分地区以及梁水镇、斗虎屯镇大部分地区。六级地主要分布在西北部地区，这部分耕地有效耕层浅，肥力低，基本无灌溉条件，属于低产田类型。

从各等级的分布地域特征可以看出，等级的高低与地貌类型、土壤类型存在着密切的关系，呈现明显的地域分布规律：随着耕地地力等级的提高，地貌类型沿着沙质河槽地—河滩高地—背河槽状洼地—河间浅平洼地—缓平坡地方向变化。土壤类型由潮盐土到碱化潮土、盐化潮土、潮土、褐土化潮土转化。

（二）耕地地力等级的行政区域划分

将耕地地力等级分布图与东昌府区行政区划图进行叠加分析，从耕地地力等级行政区域分布数据库中，按权属字段检索出各等级的记录，统计出一至六级地在各乡镇的分布状况（见表 6-2）。

表 6-2　东昌府区耕地地力等级行政区域分布

乡镇		一	二	三	四	五	六	合计
北城街办	面积（hm^2）	1113.33	1040	726.67	286.67	20	46.67	3233.33
	比例（%）	34.46	32.09	22.51	8.89	0.59	1.45	100
道口铺	面积（hm^2）	146.67	906.67	1146.67	833.33	446.67	53.33	3533.33
	比例（%）	4.18	25.66	32.46	23.60	12.65	1.45	100
斗虎屯	面积（hm^2）	653.33	2393.33	873.33	533.33	340	1306.67	6100
	比例（%）	10.69	39.19	14.35	8.71	5.60	21.45	100
凤凰街办	面积（hm^2）	260	846.67	666.67	353.33	306.67	273.33	2706.67
	比例（%）	9.49	31.18	24.70	13.07	11.42	10.14	100
古楼街办	面积（hm^2）	6.67	40	46.67	0	0	0	93.33
	比例（%）	4.98	40.77	48.96	3.53	1.76	0	100
侯营镇	面积（hm^2）	253.33	953.33	1093.33	860	1233.33	133.33	4526.67
	比例（%）	5.66	21.01	24.10	19.02	27.27	2.94	100
湖西街办	面积（hm^2）	126.67	626.67	1093.33	373.33	60	126.67	2280
	比例（%）	5.47	27.59	48.04	16.37	2.53	5.47	100
蒋官屯	面积（hm^2）	833.33	1253.33	326.67	520	13.33	6.67	2953.33
	比例（%）	28.20	42.39	11.15	17.64	0.38	0.23	100
梁水镇	面积（hm^2）	306.67	860	966.67	2500	2580	2893.33	10106.67
	比例（%）	3.01	8.51	9.56	24.74	25.55	28.63	100
柳园街办	面积（hm^2）	253.33	106.67	60	0	0	0	420
	比例（%）	60.55	25.96	13.49	0	0	0	100

续表

乡镇		一	二	三	四	五	六	合计
沙镇	面积(hm^2)	993.33	1046.67	1140	3086.67	2513.33	953.33	9733.33
	比例(%)	10.22	10.74	11.71	31.73	25.82	9.78	100
堂邑镇	面积(hm^2)	173.33	140	633.33	1040	693.33	520	3200
	比例(%)	5.39	4.33	19.86	32.49	21.67	16.25	100
新区街办	面积(hm^2)	120	406.67	93.33	46.67	0	0	666.67
	比例(%)	18.14	60.92	13.89	7.05	0	0	100
许营乡	面积(hm^2)	746.67	920	640	646.67	186.67	593.33	3733.33
	比例(%)	19.97	24.67	17.22	17.27	4.91	15.96	100
闫寺街办	面积(hm^2)	433.33	553.33	1206.67	466.67	626.67	73.33	3360
	比例(%)	12.89	16.41	36.00	13.86	18.74	2.11	100
于集镇	面积(hm^2)	1460	2133.33	740	353.33	53.33	0	4740
	比例(%)	30.76	45.08	15.57	7.40	1.19	0	100
张炉集镇	面积(hm^2)	1393.33	806.67	760	480	146.67	0	3586.67
	比例(%)	38.79	22.53	21.24	13.44	4.00	0	100
郑家镇	面积(hm^2)	6.67	526.67	360	1773.33	1260	900	4826.67
	比例(%)	0.19	10.93	7.44	36.64	26.10	18.69	100
朱老庄乡	面积(hm^2)	793.33	1113.33	1133.33	606.67	520	26.67	4193.33
	比例(%)	18.91	26.59	26.98	14.47	12.43	0.61	100

第二节　耕地地力等级分述

一、一级地

(一)面积与分布

一级地综合评级指数大于0.889,耕地面积11127.14hm^2,占总耕地面积的14.50%。其中水浇地11070.48hm^2,占一级地面积99.49%,蔬菜地55.45hm^2,占一级地面积的0.5%,各利用类型如表6-3所示。

一级地主要分布于于集镇、朱老庄乡、道口铺办事处、侯营镇、张炉集镇。此外,北城街道办事处、凤凰街道办事处、湖西街道办事处、柳园街道办事处等乡镇办事处也有零星分布。

表 6-3　　各利用类型一级地面积

利用类型	评价单元(个)	面积(hm^2)	占总耕地面积(%)	占一级地面积(%)
水浇地	785	11070.48	2.91	99.49
旱地	1	1.21	0.0003	0.01
蔬菜地	10	55.45	0.015	0.5
合计	796	11127.14	2.94	100

(二)主要属性分析

一级地主要位于东昌府区中部和东部地区,土壤类型以褐土化潮土为主,地貌类型以缓平坡地为主,耕层质地以轻壤为主,灌溉保证多为四水区,地势平坦,土层厚,无明显障碍层,土壤理化性状良好,可耕性强。耕地土壤有机质平均含量为 14.11g/kg,有效磷平均含量为 29.53mg/kg,速效钾平均含量为 135.61mg/kg,有效锌平均含量为 1.88mg/kg,有效硼的平均含量为 0.87mg/kg。土壤养分含量较高,如表 6-4 所示。

表 6-4　　一级地主要养分含量

项目	有机质(g/kg)	有效磷(mg/kg)	速效钾(mg/kg)	有效锌(mg/kg)	有效硼(mg/kg)
平均值	14.11	29.53	135.61	1.88	0.87
范围值	10.59～19.01	8.78～100.63	74～250.65	0.48～13.34	0.33～2.45
含量水平	中等	中偏上	中等	中偏上	中偏上

(三)存在的问题

一级地存在的问题:一是该地区属全市经济较好地区,历来注重二、三产业,农业投入比例相对低于二、三产业投入;二是土壤肥力与高产高效农业的需求还有一定差距,尽管一级地土壤养分含量较高,比较适合农业生产,但还无法完全适应高产高效农业的需要;三是施肥、用药种类与比例不合理,应重点加强有机肥的施用。

(四)合理利用

一级地是全区综合性能最好的耕地,各项评价指标均属良好型。土层厚,排灌性好,易于耕作,养分含量高,保肥、保水,适于各种作物生长。该级耕地农作物生产水平历来很高。利用方向是发展高产、优质、高效农业,如作为无公害蔬菜基地、日光温室,反季节瓜果栽培基地等。为此,应搞好以下工作:

①农业部门应结合科技入户、配方施肥等工程,加大宣传力度,转变观念,提高认识,加大农业投入,提升农业综合生产能力。

②增施有机肥,增加土壤有机质含量;实施平衡施肥,防止土壤污染,适量补施微肥,提高耕地质量。

③加大检查力度,确保农业灌溉、施肥、用药安全,搞好无公害生产。

二、二级地

（一）面积与分布

二级地综合评价指数为 0.876～0.889，耕地面积 17874.42hm^2，占全区总耕地面积的 25.5%。其中大田 18431.40hm^2，占二级耕地面积的 23.29%；水浇地 17748.66hm^2，占二级耕地面积的 99.3%。各利用类型如表 6-5 所示。

表 6-5　各利用类型二级地面积

利用类型	评价单元(个)	面积(hm^2)	占总耕地面积(%)	占二级地面积(%)
望天田	2	5.13	0.0013	0.03
水浇地	1239	17748.66	4.66	99.3
旱田	5	71.48	0.019	0.4
蔬菜地	9	49.16	0.013	0.28
合计	1255	17874.42	9.3803	100

二级耕地主要分布在斗虎屯镇、于集镇、蒋官屯办事处、朱老庄乡、沙镇、北城街道办事处、侯营镇，许营乡分布面积也较大，其他乡镇也有零星分布。其中以斗虎屯镇分布面积最大，为 2393.33hm^2，占二级耕地面积的 13.39%，占斗虎屯耕地面积的 39.19%。二级地是东昌府区面积最大的地力等级。

（二）主要属性分析

二级地主要位于东昌府区东部地区，土壤类型以褐土化潮土、潮土和盐化潮土为主，地貌类型以缓平坡地和河间浅平洼地为主，耕层质地以轻壤和重壤为主，灌溉保证多为三水区和四水区，地势较为平坦，土层厚，无明显障碍层，土壤理化性状良好，可耕性强。耕地土壤有机质平均含量为 13.78g/kg，有效磷平均含量为 23.89mg/kg，速效钾平均含量为 124.25mg/kg，有效锌平均含量为 1.93mg/kg，有效硼的平均含量为 0.88mg/kg。土壤养分含量较高。如表 6-6 所示。

表 6-6　二级地主要养分含量

项目	有机质(g/kg)	有效磷(mg/kg)	速效钾(mg/kg)	有效锌(mg/kg)	有效硼(mg/kg)
平均值	13.78	23.89	124.25	1.93	0.88
范围值	9.5～18.54	10.8～74.1	72.99～238.14	0.52～22.98	0.43～4.15
含量水平	中等	中偏上	中等	中偏上	中偏上

（三）存在的问题

二级地存在的主要问题是部分耕地环境质量欠佳，其中蒋官屯街道办事处部分二级地地下水位较高。有些耕地有轻度盐渍化威胁，土壤养分含量偏低，漏水漏肥。

（四）合理利用

合理利用的措施：增施有机肥料，培肥地力；采取深耕等措施，改良土壤质地和构型，同时与农田基础建设相结合，兴修水利，扩大灌溉面积，减轻部分乡镇的盐渍化威胁；其中蒋官屯街道办事处、于集镇继续大力发展养牛，扩大肥源，培肥土壤；合理轮作，调剂养分，余缺互补。

三、三级地

（一）面积与分布

三级地综合评价指数为 0.867～0.876，耕地面积 14930.74hm^2，占全市总耕地面积的 19.45%，面积仅次于二级地。其中水浇地 14904.36hm^2，占三级耕地面积的 99.82%；蔬菜地 25.85hm^2，占三级耕地面积的 0.17%。各利用类型如表 6-7 所示。

表 6-7　　各利用类型三级地面积

利用类型	评价单元(个)	面积(hm^2)	占总耕地面积(%)	占三级地面积(%)
水浇地	1144	14904.36	3.91	99.82
旱地	1	0.53	0.0001	0.0036
蔬菜地	5	25.85	0.0068	0.17
合计	1150	14930.74	3.92	100

三级耕地主要分布在侯营镇、朱老庄乡的大部地区及闫寺街道办事处、蒋官屯街道办事处、湖西街道办事处等地区，其他乡镇也有零星分布。

（二）主要属性分析

三级地自然条件较好，地势平坦宽阔，典型土壤类型以盐化潮土、褐土化潮土为主，耕层土壤质地以轻壤、重壤、中壤居多，微地貌类型以河间浅平洼地、河滩高地、浅平洼地为主。地势平坦，土层厚，土壤理化性质较好，可耕性较强，耕地土壤有机质平均含量为 13.68g/kg，有效磷平均含量为 20.88mg/kg，速效钾平均含量为 125.4mg/kg，有效锌平均含量为 1.75mg/kg，有效硼的平均含量为 0.89mg/kg。土壤养分含量均比较理想。如表 6-8 所示。

表 6-8　　三级地主要养分含量

项目	有机质(g/kg)	有效磷(mg/kg)	速效钾(mg/kg)	有效锌(mg/kg)	有效硼(mg/kg)
平均值	13.68	20.88	125.4	1.75	0.89
范围值	8.8～17.3	9～61.44	63.38～226.58	0.38～26.5	0.42～3.85
含量水平	中等	中偏上	中等	中偏上	中偏上

（三）存在的问题

三级地部分耕地灌溉保证率为二水区，水浇条件受一定限制，部分盐渍化程度为中度；耕地大平小不平，地块微有倾斜；耕地养分有不平衡现象。

（四）合理利用

合理利用措施：一是大搞农田基本建设，维护和建设水利设施，尤其是农田灌溉设施，大力推广节水灌溉，提高灌溉保证率；二是平田整地，深翻改土，加深耕层厚度，改善土壤物理性状；三是增施有机肥料和微肥。

四、四级地

（一）面积与分布

四级地综合评价指数为 0.856～0.867，耕地面积 14750.44hm^2，占全市总耕地面积的 19.22%。其中耕地全部为水浇地，占四级耕地面积的 100%。

四级地主要分布在郑家镇、张炉集镇、于集镇、许营乡、堂邑镇、沙镇，其他乡镇有点片分布。

（二）主要属性分析

四级地位于东昌府区西部地区，土壤以中碱化潮土、盐化潮土、褐土化潮土为主，另有部分油潮盐土。其特点是土层较深，土壤持水力强，但质地黏重，通透性差。耕地土壤有机质平均含量为 13.36g/kg，有效磷平均含量为 20.8mg/kg，速效钾平均含量为 116.15mg/kg，有效锌平均含量为 1.87mg/kg，有效硼的平均含量为 0.86mg/kg。土壤养分含量较高，如表 6-9 所示。

表 6-9　四级地主要养分含量

项目	有机质(g/kg)	有效磷(mg/kg)	速效钾(mg/kg)	有效锌(mg/kg)	有效硼(mg/kg)
平均值	13.36	20.8	116.15	1.87	0.86
范围值	6.3～18.5	8.2～48	71.4～196.85	0.24～8.4	0.3～1.7
含量水平	中等	中偏上	中等	中偏上	中等

（三）存在的问题

该级地土壤多为中度侵蚀，耕层质地多为中壤和重壤，土地构型多为沙质壤心或黏均质，灌溉条件多为二水区或三水区。水、肥、气、热不协调，灌溉条件差，干旱是其主要的限制因素。

（四）改良利用

改良利用措施为：平整土地，增施有机肥，改善土壤环境，减少土壤盐渍化程度，提高雨水利用率；调整种植业结构，大力发展旱作农业，合理布局农业水利设施，提高排涝功能，引导鼓励农民发展农产品及水果林业生产。

五、五级地

（一）面积与分布

五级地综合评价指数为 0.846～0.856，耕地面积 10971.08hm^2，占全区总耕地面积的 14.29%，其中水浇地 10968.30hm^2，占五级耕地面积的 99.98%；蔬菜地 2.78hm^2，占五级耕地面积的 0.025%。各利用类型如表 6-10 所示。

表 6-10 各利用类型五级地面积

利用类型	评价单元(个)	面积(hm^2)	占总耕地面积(%)	占五级地面积(%)
水浇地	913	10968.3	2.88	99.98
蔬菜地	1	2.78	0.0007	0.025
合计	914	10971.08	2.8799	100

五级地主要分布在沙镇、堂邑镇、侯营镇，斗虎屯镇也有部分分布，另外北部部分乡镇有零星分布。

(二)主要属性分析

五级地位于东昌府区东北部地区，微地貌类型既有河滩高地、砂质河槽地，又有部分背河槽状洼地、河间浅平洼地，土壤以砂壤和重壤为主，部分为轻壤，特点是耕性和通透性好，但因地势低洼，地下水位高，地表有不同程度的返碱现象，影响作物的出苗和全苗。耕地土壤有机质平均含量为 13.2g/kg，有效磷平均含量为 20.4mg/kg，速效钾平均含量为 110.2mg/kg，有效锌平均含量为 1.83mg/kg，有效硼的平均含量为 0.87mg/kg。土壤养分含量普遍不高，如表 6-11 所示。

表 6-11 五级地主要养分含量

项目	有机质(g/kg)	有效磷(mg/kg)	速效钾(mg/kg)	有效锌(mg/kg)	有效硼(mg/kg)
平均值	13.2	20.4	110.2	1.83	0.87
范围值	9.4～18.5	10.8～45.1	66.9～206.7	0.26～28.3	0.43～2.20
含量水平	中等	中偏上	中等	中偏上	中等

(三)存在的主要问题

五级地存在的问题：一是土壤理化性状不良，土壤以盐化潮土、潮土为主，并有部分的白潮盐土和油潮盐土。潮湿冷凉，保水、保温性能均较差；二是肥力低下，有机质含量较低，速效钾含量逼近临界值；三是盐碱危害较严重。

(四)改良利用

加大土壤肥力改良力度，对土壤进行有效施肥，特别注重有机肥的施用，提高土壤肥力；调整种植业结构，发展耐盐作物。

六、六级地

(一)面积与分布

六级地综合评价指数平均小于 0.846，面积较少，并且全是水浇地，仅为 7099.50hm^2，占总耕地面积的 1.86%。六级地主要分布在斗虎屯镇、梁水镇、堂邑镇，许营乡、郑家镇也有零星分布。

(二)主要属性分析

六级地大部分位于东昌府区北部，土壤类型为盐化潮土、碱化潮土和部分白盐潮土，地貌类型为河滩高地和砂质河槽地，另有部分缓平坡地。耕层质地差，主要是砂壤和砂土，灌溉条件多为二水区耕地。土壤有机质平均含量为 12.5g/kg，有效磷平均含量为 18.6mg/kg，速效钾平均含量为 105mg/kg，有效锌平均含量为 1.59mg/kg，有效硼的平均含量为 0.83mg/kg。土壤养分总体水平含量都很低。如表 6-12 所示。

表 6-12　　六级地主要养分含量

项目	有机质(g/kg)	有效磷(mg/kg)	速效钾(mg/kg)	有效锌(mg/kg)	有效硼(mg/kg)
平均值	12.5	18.6	105	1.59	0.83
范围值	6.7～16.6	7.7～37	56.39～172.4	0.38～5.4	0.36～2.24
含量水平	中等	中偏上	中等	中偏上	偏低

（三）改良利用

加大土壤盐渍化防治力度，注重农业水利设施的建设，对土壤进行有效施肥，特别注重有机肥的施用。目前东昌府区主要种植小麦、玉米、高粱、棉花等农作物，在利用方向上应根据实际情况发展经济林、用材林，保护自然植被。

第七章 耕地资源合理利用与改良

第一节 耕地资源的现状与特征

根据耕地地力评价结果，结合我区的自然条件、经济条件、土壤资源及当前生产实践，可将我区划分为4个改良利用区、8个地片。

一、精耕细作、培肥地力、科学种田、棉粮高产稳产区

该区主要分布在东昌府区的西南部，包括郑家镇的东部，张炉集镇的大部，堂邑镇的南部，侯营镇的西南部，道口铺、闫寺街道办事处的西部，梁水镇部分地区，朱老庄乡东部。总面积为22333.5hm^2，占全区土地总面积的23.4％，本区地势较高，海拔高程35～37m，大部分属河滩高地。由于地势高，潜水埋深一般为3～5m，最深的达到7m。水质较好，排水出路畅通，一般无盐渍化威胁和涝灾，土质多为褐土化潮土。土壤质地偏轻，水、气、热条件适宜，适耕性强。本区西部有马颊河、东部有徒骇河、京杭运河，河水可以利用，土地肥力较高，耕作管理精细，生产条件较好，多为一年两熟制，是我区粮棉高产稳产区。

其主要问题是：旱灾威胁大，土壤肥力低而不适应复种指数高的要求，土地欠平整，灌排不配套。

根据土体构型、表层质地、土壤肥力和当前生产的情况，又分为3个亚区。

（一）精耕细作，科学种田、棉粮高产稳产区

本区主要分布在侯营镇、张炉集镇、郑家镇及堂邑镇东南部到道口铺街道办事处一带以及朱老庄乡东部，面积为13211.1hm^2，占全区土地总面积的13.85％，土体构型较好，大部地片为中位厚层黏地（蒙金地），表土多为两合土或小红土，适耕性好，土壤肥力较高，耕作管理精细，主要作物是小麦、玉米、棉花，是本区的棉粮高产稳产区。

（二）科学种田、培肥地力、合理用水区

本区主要指梁水镇南部，闫寺街道办事处北部，郑家镇南部，总面积6111.4hm^2，占耕地总面积的6.41％，这片土地潜水埋深3～4m，局部在5m以上，水质和土体构造较好，多壤土，耕性适中，土壤中速效磷含量较低。主要问题是水利工程欠配套，土壤肥力较低，土地不平，耕作粗放。

（三）粮菜精种高产区

东昌府区近郊3012.3hm^2，占土地总面积的3.16％，属人多地少，肥料充足，水利条件较好，土壤肥力较高，耕作管理精细区。

二、以井保丰、引河补源、灌排配套、平地改土、培肥改良区

本区主要指于集镇、凤凰街道办、许营乡、蒋官屯街道办、北城街道办、侯营镇、道口铺街道办、闫寺街道办事处的东部，朱老庄乡西北部、梁水镇、斗虎屯镇的部分地片和大张、沙镇西北部，总面积 42294hm^2，占全区土地总面积的 44.4%，本区地势坦缓，多为缓平坡地和浅平洼地，潜水埋深高处 2～3m，洼处不到 2m。土壤多为两合土或小红土，洼地边沿有成片的盐土或盐化土壤。以前该区土壤肥力较低，有机质、全氮偏低，速效磷多在 5ppm 以下，东南部于集镇、凤凰街道办、许营乡多为 1～3ppm。但水利条件较好，既有丰富的地下水，又是黄灌区。但最大的问题是潜水位较高，经常在土壤的临界深度上下变动，用水稍不注意，便有次生盐渍化的可能。按地形部位和土壤条件的差异，又可分为 2 个亚区。

(一)以排为主，灌排配套，控制引黄，严防地下水位上升和土壤次生盐渍化，粮棉油利用区

本区指梁水镇、斗虎屯镇的部分地片和凤凰街道办、于集镇、许营乡、蒋官屯街道办事处的大部。总面积为 34037hm^2，占全区土地总面积的 35.69%，该区地势平缓，坡降较小，土壤质地偏轻，潜水埋深在 2～3m，土壤盐渍化威胁较大，同时土地瘠薄，各种养分尤其是速效磷含量较低。

(二)治涝改土，粮豆改良利用区

以白家洼为中心，包括闫寺街道办、道口铺街道办、梁水镇东部、湖西街道办事处的北部、北城办事处西部的大片土地以及沙镇南部牛家洼约 8257hm^2，占全区总面积的 8.66%。本区地势低洼，土质黏重，四周客水汇集，潜水出流困难，雨季经常积水造成内涝，加之以前耕作粗放，土壤肥力低，粮棉产量低而不稳。

三、大水压、深沟排、粮棉肥轮作，旱、涝、碱、薄综合治理区

郑家镇、堂邑镇、梁水镇马颊河两岸，侯营镇、道口铺街道办、湖西街道办事处交界处，于集镇、凤凰街道办、蒋官屯街道办事处内，分布着轻重程度不同的盐土或盐化潮土，总面积为 24805hm^2，占全区总耕地的 26.01%。这些地片多为背河槽状洼地或缓平坡地，地下水出流困难，潜水位较高(多为 1.5～2.5m)，水质较差(矿化度多为 2～3g/L)，土壤偏轻，毛细管作用强烈，盐碱地集中。通过多年的引黄大水压碱，深沟排盐，把土壤中多余的盐分排出。在种植制度上，采用粮棉与绿肥作物轮作及秸秆还田技术，使原来的不毛之地变成了粮田。按地形部位和土壤条件的差异，又可分为 2 个亚区。

(一)以井为主、引黄补源，灌排配套，旱、涝、碱综合治理、培肥改良区

凤凰街道办、于集镇、许营乡、蒋官屯街道办、斗虎屯镇、梁水镇和侯营镇、道口铺街道办、湖西街道办事处交界处盐碱地比较集中，共计 22224hm^2。

(二)植树造林改良区

堂邑镇、马颊河、京杭运河和聊邯公路之间的三角地带(即放马场)以及郑家镇西北部，是历史上遗留下来的老盐碱地，总面积 2585hm^2，占土地总面积的 2.71%。这片土地，土壤质地和土体构型较好，只因特殊的地理位置和环境条件，使土壤含盐量过高，大面

积废弃，得不到利用。随着当地经济的发展，对该区进行了合理规划，已形成集观光旅游休闲娱乐于一体的综合开发雏形。

四、增施肥料，培肥地力，调整作物布局，扩大花生面积，发展林果区

本区主要是指沙镇、郑家镇交界处和于集镇、许营乡东南部，面积5921hm^2，占土地总面积的6.22%，该区土壤偏轻，多为沙质，透水性强，漏水漏肥，土地较瘠薄，同时地势较高，潜水位深，干旱灾害较为频繁。

第二节　耕地资源合理利用的对策

通过这次耕地地力评价，真正地查清了各土壤类型、理化性状及其分布，找出了制约农业生产的土壤问题并制定了相应的改良利用措施。

一、坚持“以井保丰，引黄补源，旱、涝、碱综合治理”的水利方针

“水利是农业的命脉”。合理调度水利资源，兴利避害，保证农业生产用水，是农田水利建设的根本任务。

东昌府区属暖温带半湿润季风气候区，常年平均降雨量为600mm左右，70%～80%集中在7、8、9三个月内，年水面蒸发量约为2250mm，为降雨量的三倍多。

降雨少分配不均，蒸发量大，以春季尤甚，形成本区“春旱、夏涝、晚秋又旱”的气候特点。水利建设的任务，就是要适应这种自然地理规律，改变水利资源在时间和空间上分布的不均衡性，从而达到遇旱有水、遇涝排水，为农业的高速发展创造条件。

从本区的水利资源分析，远不适应农业生产的需要，必须从挖掘地下水和引黄两个方面开发水源，并做到科学调度。

因此，东昌府区在农田水利建设上应坚持“以井保丰，引黄补源，旱、涝、碱综合治理”的方针，并根据本区的气候特点，对自然降水、地下水、黄河水统筹兼顾，兴利避害，使水尽其用，为农业生产服务。

二、根据本区的地形、地貌和土壤分布，因地制宜分区划片，区别对待

（一）河滩高地区旱、涝兼治，以治旱为主

东昌府区的西南部，沙镇、张炉集镇、郑家镇、堂邑镇、朱老庄乡南部，侯营镇、道口铺街道办、闫寺街道办事处西部以及斗虎屯镇、梁水镇的部分地片，地势较高，潜水埋深多在3m以下，最深的达到4～5m，对耕层土壤水分补给甚微。在蒸发量大和少雨的春季，土壤水分消退很快，经常出现失墒，虽盐渍化威胁不大，但极易受旱。在水利建设上应以治旱为主，兼防雨季涝。坚持以井灌为主，充分开发利用地下浅层水。有条件的地区要在搞引河引黄工程，以弥补地下水的消耗，但必须随时注意潜水的变化，既避免出现漏斗区，又要防止潜水上升造成土壤盐化。同时要平整土地，搞好畦田工程，减少地表径流，增加降水入渗。

（二）缓平地区，旱涝兼治，以排为主

本区东南部，凤凰街道办、于集镇、许营乡、蒋官屯街道办、湖西街道办事处及斗虎屯

镇、梁水镇、朱老庄乡的部分地片，地势平缓，潜水埋深多在2m左右，经常在土壤的临界深度上下变动。土壤质地较轻多为潮土类型，这些土地地表水和地下水出流困难，是一个易涝易碱的地形。盐化潮土面积为27928hm^2，占全区总面积的22.68%。在水利建设上应坚持"以排为主"的方针，重点放在骨干排水河道的畅通和田间排涝系统的健全上，充分利用地下浅层水发展井灌，以井助排，并辅以引黄补源，严格控制地下水位，防止次生盐渍化的继续发展，达到旱、涝、碱综合治理的目的。

(三)浅平洼地，以治涝为主，兼防春秋干旱

湖西街道办事处北部、古楼街道办事处大部、北城街道办事处西部、道口铺街道办、闫寺街道办、梁水镇的东部为一个槽状漫洼，包括白家洼、牛家洼、樊家洼、谭家洼等村，其地势为全区最低。雨季四周客水汇集，地下水位较高，干旱季节为1～2m，汛期接近地面，丰水年常造成大面积积水。土壤淋洗作用较强，质地黏重，盐化土壤较少。其突出的问题是地面水、地下水出流困难，夏季多雨积水成灾。因而治理措施是打通排水出路，健全田间排水系统。同时要注意利用机井，提取地下水，降低地下水位，以减轻涝灾。

(四)盐碱地区，淡水压，深沟排，降低潜水位，改良盐碱

郑家镇西北部、堂邑镇"放马场"、梁水镇马颊河两岸的槽洼土地，因长期河水侧渗和客水汇集，无排水出路，潜水滞流，埋深浅、矿化度高，盐碱较重，并有成片的盐碱荒地。在治理上，首先要安排好深沟排水，健全田间排水系统，降低地下水位，并适当地调配河水灌溉，淡水压盐淋洗，使土体脱盐，逐步改良利用。

三、广开肥源，配方施肥，培肥地力

本区土壤为黄河冲积土，本来有机质、氮、磷含量较低，加上长期施肥不足，用地与养地的关系处理不当，重用轻养，导致耕地质量下降，质地不良，土壤严重板结，土壤次生盐渍化加重，进而影响农业可持续发展。施肥存在着重化肥、轻有机肥；偏重使用氮磷肥料，轻钾肥；重大量元素，轻施、不施中微量元素的问题，直接影响着农业生产的发展和粮棉产量的进一步提高。需要广开肥源，配方施肥，增施有机肥料，培肥地力。

土壤肥力高低的标准就是水、肥、气、热条件好坏和供肥能力的高低。增施有机肥料能改善土壤的物理性质，创造较好的水、气、热条件。合理施用化肥，可随时弥补养分的消耗，协调土壤的供肥状况。培肥地力要从广开有机肥源、合理施用化肥两个方面着手。

(一)广开有机肥源

有机肥料是一种完全肥料，它含有农作物所需要的各种养分，是改良土壤结构、增肥地力的主要肥源。肥料来源较广。

1.发展养猪、养羊、养大牲畜积肥

养猪、养羊、养大牲畜积肥，是农业生产积肥的主要来源。据计算，一头猪，一年排粪547.5kg，排尿1045kg，其含量相当于硫铵39kg。一头大牲畜，每年排粪约6387.5kg，排尿约2862.5kg，其含量约相当于硫铵58kg，并含有丰富的有机质和相当多的磷、钾养分。

2.农作物秸秆还田

作物秸秆是重要的有机肥源，可趁鲜粉碎，就地翻压或堆沤腐烂直接还田。也可用秸秆发展养牛业，收其粪便还田，或利用秸秆发展沼气，废渣作肥料，都有良好的改土、增产

效果。

(二)合理施用化肥

化肥是近代新兴的肥料品种，发展快、品种多、产量高，对农业生产的作用越来越大，是当前农业不可缺少的肥源。但因施用方法不合理，损失严重，肥效降低，浪费很大。

1. 讲究科学，配方施肥

近几年来，东昌府区施肥方法不合理的主要表现为：一是不能根据肥料的性质施用。氨水、碳酸氢铵易分解失效。碳铵地面撒施，浅施盖土不实，施后不及时浇水，都会造成肥料的大量损失。二是肥料品种单一，习惯施氮肥，不注意配合施磷、钾，造成氮、磷、钾比例失调。三是施肥量不当，不是根据气候、土质和作物的长势施肥，而是认为越多越好；四是施肥时期不当，不是根据作物生育期和生理特点施肥，而是何时有肥何时施，往往施肥过迟，作物贪青晚熟，既造成了减产，又浪费了肥料。针对存在的问题，提出施肥意见如下：

2. 改进施肥方法

在氮素化肥中，农民喜欢撒施尿素，这样氮肥利用率不到30%。改撒施为沟施，改重施氮肥为氮、磷、钾配合施用。

3. 要根据作物的生育期施肥

农作物不同的生育期，对肥料的要求不同。

总之，合理施肥，就是要根据土壤性质、养分含量和产量要求，确定合理的施肥时间、种类和数量，以调节土壤养分比例，保证协调供肥，提高肥效。

四、改良措施

根据本区的自然条件、经济条件、土壤资源及当前生产实践，并结合这次评价结果，就我区划分的4个改良利用区、8个地片今后的利用改良措施分述如下：

(一)精耕细作，培肥地力、科学种田、棉粮高产稳产区

二十年来在搞好农田基本建设，平整土地，发展水利的基础上，做好科学种田，合理施肥，增施磷肥，培肥地力，加强田间管理，并提高机械化程度，取得了良好的效果。

1. 精耕细作，科学种田、棉粮高度稳产区

通过平整土地，增施肥料，熟化土壤，培肥地力，精耕细作，提高复种指数并充分开发利用地下、地上水利资源，增强抗旱能力，解决了旱灾威胁较大、土壤肥力低、土地欠平整、不适应复种指数高的问题。

2. 科学种田、培肥地力、合理用水区

多年来多方面开辟肥源，增施肥料；实行秸秆还田，改良土壤的物理性质；在化肥使用中注意增施磷肥和氮、磷配合施用；在水利建设上注意工程质量，健全田间灌排系统，合理用水；重点发展小麦、玉米和棉花。产量有了突破性进展。

3. 粮菜精种高产区

提高复种指数，实行粮菜间作，在保证充足口粮的前提下，积极发展蔬菜种植，保证城市供应。

(二)以井保丰、引河补源、灌排配套、平地改土、培肥改良区

1. 以排为主，灌排配套，控制引黄，严防地下水位上升和土壤次生盐渍化，粮棉油利

用区

近年来在水利建设上，实行以排为主，灌排配套，以井保丰，引黄补源，井灌井排，以井助排，并控制引黄，严防大水漫灌抬高地下水位。同时发展农田林网化或林粮间作，借生物排水。开辟肥源、发展秸秆还田、增施肥料，培肥地力，提高粮棉产量。在作物布局上，以棉花、花生为主，实行棉、粮、油轮作换茬。

2. 治涝改土，粮豆改良利用区

在改良利用上，通过挖沟治涝，健全田间排水系统，及时排除地表水，防止雨季涝。同时积极发展秸秆还田，以地养地、增施肥料、改良土壤、培肥地力。在作物布局上，以粮为主，多种小麦、玉米。

（三）大水压、深沟排、粮棉肥轮作，旱、涝、碱、薄综合治理区

1. 以井为主、引黄补源，灌排配套，旱、涝、碱综合治理、培肥改良区

坚持“以井保丰，引黄补源，旱、涝、碱综合治理”的水利方针。在治理上：①灌排分设，有灌有排，降低地下水位。②大力植树造林，向大地林网化、农用林粮间作方向发展。③改革耕作制度，发展秸秆还田，增施有机肥料，养用结合，培肥地力。④在作物布局上，以种植棉花为主，并结合种植一部分小麦、玉米作物。

2. 植树造林改良区

（1）以林为主，多种经营。济邯公路以南，盐碱较轻，在改良利用上以林为主，发展大青杨、刺槐、榆树等耐盐树种，坚持以林为主，乔灌结合，多种经营。

（2）引水压盐，种稻改良。济邯公路以北，盐害较重，通过引河水压盐改良。此地东有京杭运河，西有马颊河，既可提供水源，又起截渗沟的作用，周围无盐渍化威胁。建立扬水站，提水灌溉，冲洗盐碱。并于王铺大闸处建设穿涵隧道，把灌溉后含盐的尾水，引到闸后马颊河内排走。

结合植树造林，逐步完成沟、路、河、渠林网化，并发展畜牧业，使农林牧相结合，使之造福人类。

（四）增施肥料，培肥地力，调整作物布局，扩大花生面积，发展林果区

首先根据沙质土壤漏水漏肥的特点，实行短畦小水勤浇，施肥上少量多次，并注意增施磷肥和氮、磷配合施用。在作物布局上注意扩种红薯、花生并发展棉粮间作。同时注意增施有机肥料、秸秆还田，改良土壤，培肥地力。

第八章 东昌府区测土配方施肥技术各论

第一节 小麦测土配方施肥技术

小麦一生需氮、钾多，需磷相对较少，同时需要钙、镁、硫等中量元素和锌、硼、锰等微量元素。每生产 100kg 小麦需吸收氮 2.83kg，五氧化二磷 1.25kg，氧化钾 2.92kg。小麦一生吸收氮肥有两个高峰期，一是年前分蘖盛期，占总吸收量的 12%～14%；另一个是拔节孕穗期，占总吸收量的 35%～40%。小麦对磷肥吸收高峰期出现在拔节扬花期，占磷总吸收量的 60%～70%。小麦对钾的吸收在拔节前较少，一般不超过总量的 10%，拔节孕穗期吸收钾最多，可达 60%～70%。

一、科学确定配方

秋种前，根据土壤测试结果和每公顷的 7500～9000kg 的目标产量，制定底肥配方方案，坚持有机肥为主，化肥为辅，氮、磷、钾配合的施肥原则。增施有机肥，大力推广秸秆直接还田，每公顷施配方肥 600～750kg，同时增施微量元素硼、锌等，提倡钼肥拌种。

（一）高产田

高产田由于肥水条件较好，产量的高低取决于肥水施用是否得当，针对当前高产田氮肥施用较足或过量，而磷、钾相对不足的状况，采用施足有机肥、控制氮肥，增施磷、钾肥及巧施微肥的原则。一般每公顷产 9000kg 以上的示范田，每公顷施有机肥 30000～45000kg，或进行秸秆还田。一般氮肥 30～40%、全部磷肥及钾肥作底肥基施，氮肥60%～70%年后作返青肥追施。调控氮肥用量，优化分配模式。每公顷产 9000kg 以上的高产田，施纯氮 225kg 左右，施氮过量，易导致小麦贪青晚熟、倒伏，产量和品质下降。在肥料分配上，高产示范田，基追比例控制在 3∶7 左右。延迟播种的地块，适当增加基肥比例，促早发壮苗。稳定磷肥用量，增施钾肥。高产麦田每公顷施五氧化二磷120～150kg。钾中等肥力水平示范方、高产麦田每公顷施钾（氧化钾）120kg；土壤速效钾含量相对较高地区，建议高产田每公顷施钾（氧化钾）90kg 或不施。根据我区施肥习惯确定高产地块肥料配方为 15-18-12、16-25-10 和 17-18-10。小麦专用肥配比比较合理，同时含氮、磷、钾养分，建议根据具体情况选择使用。一般施用上述 45%含量的配方肥600～750kg/hm^2 作基肥，51～55%含量的 600～675kg/hm^2 作基肥，同时施锌肥 15～30kg 作基肥。

（二）中产田

针对东昌府区大部分中产麦田肥料施用不足，肥料品种单一的情况，采用施足基肥

（有机肥与化肥配合，适当带些种肥），轻施或不施越冬肥，重施起身拔节肥的“两头重，中间轻”的施肥方法，一般中低产田每公顷建议施纯氮 225kg，施磷五氧化二 90～120kg，建议施氧化钾 90kg，建议氮肥基准比例控制在 4∶6，土壤速效钾含量相对较高地区，建议施氧化钾 45～60kg。一般要求每公顷施有机肥 30000kg 以上。根据我区施肥习惯可确定中、低产地块肥料配方为 12-18-15，15-18-18，15-15-15，一般施用上述配方肥 45％含量的 600～750kg/hm^2 作基肥，51％～55％含量的 600～675kg/hm^2 作基肥，同时施锌肥 15～30kg 作基肥。小麦配方肥配比如表 8-1 所示。

表 8-1　　小麦配方肥配比表

序号	配比式	目标产量（kg/hm^2）	建议用量（kg/hm^2）	备注
1	15-18-12	>7500	600～750	土壤有效磷 15～30mg/kg，土壤速效钾 80～120mg/kg
2	17-18-10		600～675	
3	16-25-10		450～510	土壤有效磷 15～30mg/kg，土壤速效钾大于 120mg/kg
4	12-18-15	<7500	600～675	土壤有效磷 15～30mg/kg，土壤速效钾小于 100mg/kg
5	15-18-18		600～675	
6	15-15-15		600～675	

二、春季分类指导，科学运筹肥水，以水促肥

群体 50 万以下的，属弱苗类，以促为主。对于墒情较差，群体偏小的地块，墒情差是主要矛盾，返青期进行肥水管理；对于地力水平较高，群体偏小、墒情较好地块，群体小是主要矛盾，早春抓紧划锄，增温促苗促早发，起身期根据苗情转化进行追肥，每公顷追尿素 225kg；对地力一般，群体较小，墒情较好地块，肥料、群体是主要矛盾，分两次追肥：第一次返青期借墒追 40％氮素化肥和适量磷酸二铵，促分蘖和根系生长，提高分蘖成穗率；剩余的 60％氮素化肥待拔节期结合浇水追施，促使小麦发育，提高穗粒数。群体 750～900 万/hm^2 的示范方，属弱苗和壮苗之间的过渡类型。春季管理的重点是促进春季分蘖，巩固冬前分蘖，提高分蘖成穗率。地力水平较高，群体 825～900 万/hm^2 的二类麦田，小麦起身以后、拔节以前追肥浇水；地力水平一般，群体 750～825 万/hm^2 的二类麦田，起身期进行肥水管理，结合浇水每公顷追尿素 225kg，墒情较差地块，追肥、浇水时间酌情提前；群体 900～1200 万/hm^2 属壮苗麦田示范方，促控结合，提高分蘖成穗率，促穗大粒多；肥力较高，浇过冬水，群体 975～1200 万/hm^2 的一类麦田，起身期喷施壮丰安防倒伏，氮肥后移，于拔节中末期追肥浇水；地力一般，浇过冬水，群体 900～975 万/hm^2 的一类麦田，拔节初期肥水管理；对没浇冬水地块，根据墒情和地力，于起身至拔节期追肥浇水。追肥数量每公顷施尿素 225kg；每公顷茎数 1200 万以上、植株较高、叶片较长的过旺苗麦田，控促结合：一是起身期喷施烯效唑、壮丰安调节剂，控旺防倒，二是无脱肥现象的旺苗麦田，早春镇压蹲苗，拔节期结合浇水，每公顷追尿素 150～225kg，三是有脱肥现象的麦田起身期每公顷追尿素 150～225kg，防止旺苗转弱苗。遭受冬季冻害的麦田不能轻易毁改

其他作物。在小麦分蘖中正常年份小分蘖无法形成有效分蘖,但小分蘖的蘖芽在特定条件下,可以通过肥水调控促使其发育成有效分蘖。一般受冻麦田,仅叶片冻枯,无死蘖现象,早春及早划锄,提高温度,促使小麦返青;起身期追肥浇水,提高分蘖成穗率。对主茎和大分蘖已冻死的麦田,于土壤解冻后借墒或结合浇水、每公顷追尿素 150kg。对受冻小麦要注意根系养护,提高根系吸收能力;喷施雷力 2000、海生素、天达 2116 等叶面肥,促进受冻小麦快速恢复生长;加强受冻麦田中后期肥水管理,防止早衰,促穗大粒多,提高粒重,提高小麦产量,争取把灾害损失降到最低限度。

三、小麦后期推广"一喷三防"技术

针对春季持续低温天气导致小麦抽穗、开花期较常年同期普遍推迟的情况,应及时提出"一喷三防"措施。"一喷三防"就是将杀虫剂、杀菌剂以及叶面肥、生长调节剂等混合起来进行喷施。搞好"一喷三防"是小麦后期防病、防虫、防干热风等的关键措施,能够达到改善田间小气候、减少干热风危害、延缓衰老、提高粒重等多重效果。在孕穗期至灌浆初期喷 1%～3%的尿素溶液(加上 0.2%～0.3%的磷酸二氢钾溶液更好),每公顷喷 750～900kg。叶面追肥最好在晴天下午 4 点以后进行,间隔 7～10 天再喷一次。喷后 24h 内如遇到降雨应补喷一次。为了简化操作,推广与其他田管措施进行结合的方法。如每公顷用 40%多菌灵乳剂 750～1200mL、50%辛硫磷乳油 750～1125mL、磷酸二氢钾 2250g,兑水 750kg 配成混合液,进行叶面喷施,可起到同时防病、防虫、防干热风等"一喷三防"效果。

第二节　玉米测土配方施肥技术

玉米全生育期所吸收的养分,一般每生产 100kg 的玉米籽粒,需从土壤中吸收氮素 2.75kg,五氧化二磷 0.86kg,氧化钾 2.14kg。氮、磷、钾的比例大约为 3∶1∶2.5。玉米是对锌敏感的作物。玉米对营养元素吸收的速度和数量各生育期差别很大,一般规律是随着玉米植株的生长对养分的吸收速度加快,到灌浆期、成熟期逐渐减慢。夏玉米苗期植株小,生长慢,需肥较少,以后逐渐加快。从拔节到孕穗吸收速度达到高峰,在 20～30 天中吸收氮、磷分别占吸收总量的 76%和 63%,而后吸收减慢,到抽雄期,氮、磷的吸收量已达 90%。所以夏玉米需氮、磷的关键时期是拔节孕穗期。

按照测土配方施肥技术要求,根据我区玉米示范方土壤营养状况,结合玉米需肥特点,我区夏玉米施肥需注重增施有机肥,继续推广小麦秸秆还田,提高土壤有机质含量,培肥地力;合理施用化肥,改一次施肥为多次施肥,氮、磷、钾科学配比,补施中微量元素肥。

一、高产田

每公顷产 9000kg 以上的高产田,一般施纯氮 240～270kg,五氧化二磷 75～105kg,氧化钾 225～255kg。根据我区实际,提倡每公顷施有机肥 45000kg 以上,锌肥 30kg。施用无机肥料,在拔节初期和大喇叭口期两次追施或大喇叭口初期一次性追施。一般追施无机肥料纯氮 240～270kg,五氧化二磷 45～75kg,氧化钾 90～120kg。根据我区施肥习

惯,确定高产地块肥料配方为25-5-10,26-5-9(土壤有效磷15～30mg/kg,土壤速效钾小于120mg/kg),30-5-5(土壤有效磷大于15mg/kg,土壤速效钾大于120mg/kg)。一般施用40%含量上述配方肥900～1125kg/hm²,55%含量上述配方肥675～825kg/hm²。

二、中产田

每公顷产7500～9000kg的中产地块,一般需纯氮180～240kg,五氧化二磷45～75kg,氧化钾165～225kg,根据我区实际,提倡每公顷施有机肥37500kg以上,锌肥30kg,施用无机肥料,在拔节初期和大喇叭口期两次追施或大喇叭口初期一次性追施。一般追施无机肥料纯氮180～240kg、五氧化二磷15～40kg、氧化钾60～90kg。根据我区施肥习惯可确定中产地块肥料配方为28-6-6(土壤有效磷15～30mg/kg,土壤速效钾小于120mg/kg),30-5-5,28-4-8(土壤有效磷大于15mg/kg,土壤速效钾大于90mg/kg)。一般施用40%含量上述配方肥750～900kg/hm²,55%含量上述配方肥600～675kg/hm²。如表8-2所示。

表8-2　玉米配方肥配比

序号	配比式	目标产量(kg/hm²)	建议用量(kg/hm²)	备注
1	26-5-9	>9000	900～1125	土壤有效磷15～30mg/kg,土壤速效钾小于120mg/kg
	25-5-10	7500～9000	750～900	
2	28-4-8	>9000	675～825	土壤有效磷大于15mg/kg,土壤速效钾大于90mg/kg
		7500～9000	675～750	
3	30-5-5	>9000	750～825	土壤有效磷大于15mg/kg,土壤速效钾大于120mg/kg
		7500～9000	750	土壤速效钾大于90mg/kg
		<5520	600～750	

三、大力推广玉米种肥施肥技术

玉米出苗后,初生根较少,吸收养分的能力弱,用速效性化肥作种肥对幼苗的生长发育有良好作用,尤其是施基肥较少的地块。适合于作种肥的化肥很多,如氮素化肥。在基肥施用量少或土壤瘠薄的条件下,用氮素化肥作为种肥有显著的增产效果。在氮素化肥中,硝酸铵钙、硫酸铵、氯化铵均可作种肥施用,但应注意用量。玉米幼苗期磷、钾肥充足时,对生长有良好作用,苗高、叶大、生长健壮。施用各种磷肥作为种肥均有效果,速效性的过磷酸钙和重过磷酸钙最适合作为玉米种肥。在缺钾地区,玉米种肥中加入钾肥是必要的,最好用氯化钾或硫酸钾。氮、磷、钾肥配合施用作为种肥比单独施用时肥效高。据试验,氮肥单施作为种肥平均增产4.2%;磷肥单施作为种肥平均增产2.8%;氮、磷、钾肥配合作为种肥增产12.2%。种肥的施用方法为条施、穴施。穴施种肥时要使肥料和种子离开2～3cm,把肥料施在穴的一侧,种子播在另一侧,或者用有机肥料和土把种子与肥料隔开，以免影响种子发芽，降低出苗率。

四、轻施苗肥

玉米出苗至拔节前追施的肥料为苗肥，其主要作用是促进发根壮苗，奠定良好的生育基础。施用苗肥要掌握早施、轻施和偏施的原则。早施是指在未施基肥或种肥情况下，定苗后抓紧追施速效性氮肥，有利于促进玉米壮苗早发。轻施是指玉米苗期吸收养分不多，一般只占总需肥量的10%左右。玉米苗期施肥多，不利于根系向纵深发展，茎叶生长过快，茎基部节间细长，容易造成倒伏。偏施是指偏施的目的是提小苗赶大苗，促弱苗变壮苗，达到幼苗齐、匀、壮的目的。玉米苗期一般每公顷施用尿素45～60kg，集中开沟条施或穴施在幼苗附近，施后立即覆土。若土壤墒情不足，追肥后必须浇水。

五、稳施拔节肥

稳施拔节肥既可满足拔节阶段生长快、对营养吸收多的要求，达到叶片繁茂，茎秆粗壮的目的，又不会引起茎叶生长过旺而发生倒伏。对基肥不足，苗势较弱的玉米，应增加化肥用量，一般每公顷可追施225kg尿素。拔节肥通常在玉米拔节前后出7～9片叶时开穴追施，地肥苗壮的应适当迟追、少追，地瘦苗弱的应早施、重施。

六、重施穗、粒肥

在玉米大喇叭口（第11～12叶展开）期，将剩余全部氮肥（复合肥，总量的60%～70%）作为攻穗、攻粒肥一次性全部追施。但高产地块用肥总量大或土壤保肥能力差的地块，留出全部施肥量的10%～20%专门作为攻粒肥于玉米开花授粉后施用。使用缓控释肥的田块可于播种后或幼苗期一次性施入。

七、推广追施锌肥或含锌复合肥

玉米缺锌，叶缘扭曲或邹缩，叶脉两侧由绿变黄发白，叶片黄白绿相间呈条纹状，俗称"花白苗"，抽穗迟，穗小粒少。用硫酸锌作底肥，每公顷用量22.5～30kg；硫酸锌土壤追肥，每公顷用量15kg，与氮、磷、钾混施；0.3%～0.4%硫酸锌溶液叶面追肥，连续喷2～3次。

第三节　棉花测土配方施肥技术

棉花一生吸收的养分，有三分之二来自土壤，三分之一来自当季施用的化肥，棉花是高产作物，对氮、磷、钾的需求量较大，一般每生产100kg籽棉，需从土壤中吸收纯氮5kg、五氧化二磷1.8kg、氧化钾4.6kg，苗期吸收氮、磷、钾的数量分别占全期总量的5%、3%、3%，从现蕾到初花期分别占全期总量的11%、7%、9%，从初花期到盛花期分别占全期总量的56%、24%、36%，从盛花期到始絮期分别占全期总量的23%、52%、42%，吐絮期后分别占全期总量的5%、14%、10%。根据对东昌府区示范区土壤养分测定和农户施肥调查结果，棉花施肥原则是以有机肥为主、化肥为辅；基肥为主、追肥为辅。稳氮肥、增磷肥、补钾肥、配微肥。分期追肥，轻施苗肥、稳施蕾肥、重施花铃肥和补施桃肥，适时叶面喷硼。

根据棉农施肥习惯，确定肥料配方为 18-12-15，15-15-10，20-5-15，一般施用上述配方肥 45％含量的 600～750kg/hm² 作基肥，51％～55％含量的 600～675kg/hm² 作基肥，同时施锌肥 1～2kg 作基肥。如表 8-3 所示。

表 8-3 棉花配方肥配比

序号	配比式	目标产量（kg/hm²）	建议用量（kg/hm²）	备注
1	18-12-15	＞4500	600～750	土壤有效磷 15～30mg/kg，土壤速效钾 80～120mg/kg
2	18-8-18		600～750	
3	20-5-15	3750～4500	600～750	土壤有效磷 15～30mg/kg，土壤速效钾大于 120mg/kg
4	15-20-10	＜3750	600～675	

一、增加有机肥的投入

有机肥养分齐全，肥效长，在整个生育期为棉花提供养分。足量的有机肥是实现壮苗早发，壮秆抗病，降低脱落率，多结桃，不早衰，优质高产的基础。每公顷施用量 30000～45000kg。

二、加大钾肥投入，注重氮、磷、钾合理配比

棉花是喜钾作物，施用钾肥能提高抗逆性，壮秆抗病。根据我区土肥站多年、多点试验，每公顷施氧化钾 90～120kg（折氯化钾 150～225kg），后期黄枯萎病病株率减少 75％以上，增产籽棉 750～1125kg，增产率达 20％～28％。

三、种肥

棉花出苗后，初生根较少，吸收养分的能力弱，用速效性化肥作为种肥对幼苗的生长发育有良好作用，尤其是施基肥较少的地块。适合于作为种肥的化肥很多，如氮素化肥。在基肥施用量少或土壤瘠薄的条件下，用氮素化肥作种肥有显著的增产效果。在氮素化肥中，硫酸铵、氯化铵均可作种肥施用，但应注意用量。棉花幼苗期磷、钾肥充足对生长有良好作用，作物苗高、叶大、生长健壮。施用各种磷肥作种肥均有效果，速效性的过磷酸钙和重过磷酸钙最适合做棉花种肥。在缺钾地区，棉花种肥中加入钾肥是必要的，最好用氯化钾或硫酸钾。氮、磷、钾肥配合做种肥施用比单独施用时肥效高。种肥的施用方法采用条施、穴施。穴施种肥时要使肥料和种子离开 2～3cm，把肥料施在穴的一侧，种子播在另一侧，或者用有机肥料和土把种子与肥料隔开，以免影响种子发芽，降低出苗率。

四、氮、磷、钾、微肥施肥标准

（一）高肥力示范区

每公顷产皮棉 1125～1500kg，土壤有机质含量大于 1.35％，速效氮含量大于 75mg/kg，速效磷含量大于 25mg/kg，速效钾含量大于 100mg/kg。在施用足量有机肥的基础

上，每公顷施尿素 390～450kg、磷酸二铵 300～375kg、氯化钾 150～225kg、硼砂 7.5～15kg。

(二)中、低肥力示范区

每公顷产皮棉 750～1125kg，土壤有机质含量为 1.1%～1.35%，速效氮含量 50～75mg/kg，速效磷含量小于 15mg/kg，速效钾含量为 70～100mg/kg。在施用足量有机肥的基础上，每公顷施尿素 330～390kg、磷酸二铵 270～330kg、氯化钾 150～225kg、硼砂 7.5～15kg。

五、施肥方法

有机肥、磷肥、钾肥全部作底肥，氮肥 35%底施，65%作追肥。追肥分两次施用，苗期 15%，盛花期追 50%。硼砂与有机肥混匀施入，避免直接与种子接触，以免烧芽。

六、因地制宜推广应用缓释肥

缓释肥也称控释肥，就是在化肥颗粒表面包上一层很薄的疏水物质制成包膜化肥，对肥料养分释放速度进行调整，根据作物需求释放养分，达到元素供肥强度与作物生理需求的动态平衡。缓释肥有以下优点：

①用量小，利用率提高。缓释肥肥效比一般未包膜的长 30 天以上，淋溶挥发损失减少，肥料用量比常规施肥可以减少 10%～20%，达到节约成本的目的。

②施用方便，省工安全。缓释肥可以与速效肥料配合作基肥一次性施入，可减少用工三分之一左右，并且施用安全，避免肥害。

③增产增收。施用后表现肥效稳、肥效长，后期不脱肥，抗病抗倒，据调查，增产 5%以上。

七、科学喷施叶面肥技术

(一)缺肥早衰地块

底肥不足或追肥较少棉田，植株在吐絮期出现黄、弱等早衰现象的地块，可叶面喷施 2%的尿素或 2%～3%的磷酸二氢钾溶液，用量为 450～750kg/hm^2。

(二)病害较重的地块

据土肥站试验，棉花蕾期至结铃期喷施含氨基酸的叶面肥能有效地控制棉花炭疽病、枯黄萎病，产量提高 20%以上。效果较好的叶面肥有含氨基酸叶面肥、含微量元素叶面肥等，喷施时期一般掌握现蕾期开始每 20 天喷一次，连喷三次，喷施浓度为 800 倍。喷施时间应在上午 10 点以前，下午 4 点以后，棉花全株叶子正反面均匀喷洒。

第四节　花生测土配方施肥技术

每 1000kg 花生荚果需要吸收纯氮 55kg、五氧化二磷 15kg、氧化钾 26kg、钙素 1.5～3.5kg，氮、磷、钾吸肥比例约为 5.54∶1∶2.65。花生具有固氮作用，但苗期根瘤没有形成前不能固氮，因此氮素在苗期应供给充足，以促进幼苗生长。磷素可以促进花生成熟，籽粒饱满，提高结荚率、出仁率及含油量，同时还对根瘤的形成和发育有促进作用。花生对钾素的吸收量很大，钾素对茎蔓、果壳及果仁的生长有促进作用，沙土地保肥较差的土壤，增施钾肥效果明显。花生是喜钙作物，钙素能加强氮的代谢，有利于根系和根瘤的形成和发育。钼是根瘤固氮过程中不可缺少的元素，钼能促进蛋白质合成，增加固氮能力。

花生施肥总体上应把握以下原则：重施基肥，适量追肥，以有机肥为主，化肥为辅，大量、中量及微量元素相结合。

一、基肥

用量一般占施肥量的80%左右，中等地力地块一般每公顷施优质农家肥30000～45000kg、硫酸铵150kg、过磷酸钙300～375kg、硫酸钾225kg。有机肥施用量少时，把有机肥和化肥混合均匀，再集中条施在垄下；有机肥施用量多时，可以在整地起垄前撒施耙匀，然后起垄；也可以把三分之二的有机肥撒施，三分之一有机肥与化肥混匀，再集中条施在垄下。如检测钙不足，每公顷施75～90kg石膏粉。

二、种肥

根据基肥情况，可每公顷用150kg磷酸二铵做种肥。一定注意种、肥隔离。

三、追肥

苗期追肥以氮为主，出苗后15～20天，结合中耕每公顷追尿素45～75kg；花针期再追一次肥，每公顷施尿素45～75kg、过磷酸钙150～225kg、硫酸钾45～75kg。

四、微量元素肥料

花生对钼较敏感，在苗期和盛花期喷施0.1%～0.2%的钼酸铵溶液，可促进增产和根瘤固氮；也可以每公顷用30g钼酸铵（配成0.1%～0.2%的溶液）拌种。此外，花生对硼肥也较敏感，可在起垄时每公顷施7.5kg的硼砂；也可以用0.2%的硼砂溶液喷施。

第五节　甘薯测土配方施肥技术

甘薯对氮、磷、钾三要素的需求量，以钾最多、氮次之、磷较少。甘薯喜钾，增施钾肥对产量和品质均有明显作用。甘薯苗期吸收养分少；从分枝结薯期到茎叶旺盛生长期，吸收养分速度加快，吸收数量增多；接近后期逐渐减少，至薯块迅速膨大期，氮、磷的吸收量下降，而钾的吸收量保持较高水平。甘薯缺氮，老叶首先呈现失绿，叶片数、分枝数减少，叶片缩小，节间缩短，叶片容易发黄早衰，严重影响产量。缺磷，会造成叶片变小，呈暗绿色，失去光泽，茎蔓伸长受阻，老叶出现大片黄斑，变紫色，不久即会脱落。缺钾则表现为叶小，节间和叶柄变短，叶色暗绿，后期叶的背面出现褐色斑点。甘薯忌氯，施用含氯化肥超过一定量时，会使薯块淀粉含量降低，而且薯块不耐储藏。东昌府区每公顷产37500～45000kg的中产薯田，每公顷施纯氮75～112.5kg、五氧化二磷112.5～150kg、氧化钾150～225kg。

一、基肥

应占施肥总量的70%～80%，基肥一般每公顷施堆渣肥22500～30000kg、尿素37.5～75kg(或碳铵112.5～180kg)、过磷酸钙150～225kg、草木灰750～1125kg(或硫酸钾37.5～150kg)。施底肥应采用粗肥打底、精肥浅施的分层施肥法，用量多的可条施，一般可穴施，即在起垄后栽苗前，按行、穴距开沟或挖穴，将底肥施入沟内或穴中，使土肥混匀。也可采用包厢肥的集中施肥法，即在包厢时，顺厢施肥，再刨厢，把肥料包在厢内。采取这些集中施肥法，可减少肥料损失，达到经济用肥的目的。

二、追肥

宜分3次追肥。第1次攻苗肥，在插植后10天左右，每公顷施人畜粪尿7500～11250kg，对水穴施。苗肥应根据底肥多少、天气和苗长势适量施用，防止施用过多造成苗徒长。也可采取弱苗多施、旺苗少施的方法，促进全田平衡生长。第2次在插植后60天左右，茎叶旺盛生长，块根逐渐膨大，需肥较多。长势好和施过苗肥的作物以施钾肥为主，氮肥少施；长势差的适当多施氮肥，配合钾肥。一般每公顷施人粪尿15000kg、草木灰1500kg或尿素150kg、过磷酸钙150～225kg、硫酸钾37.5kg，对水穴施，并与中耕、除草、培土等管理措施相结合。第3次在插植后80～100天进行，每公顷施尿素37.5kg，在收获前30～50天也可用2%的过磷酸钙液或5%～10%的草木灰浸泡澄清液1125～1500kg，每隔10～15天喷1次，共喷2～3次，对茎叶长势差的可喷1%的尿素溶液。喷施时间以晴天下午四五点钟后为宜。

第六节　大蒜测土配方施肥技术

大蒜是一种喜钾喜硫作物。大蒜在生长过程中对氮、磷、钾养分的需求中以钾最多，氮次之，磷较少。一般每公顷产鲜蒜22500～30000kg。实验证明，每15000kg大蒜块茎大约需吸收纯氮67kg、五氧化二磷21kg、氧化钾70kg、硫12kg、镁6kg。大蒜生长周期中，蒜薹伸长期到蒜头膨大期是其需肥高峰期。

东昌府区蒜栽培过程中存在的问题有一是大蒜的肥料供应问题，主要存在四大问题：(1)重视底肥，轻视追肥，化肥使用量过大。(2)东昌府区以沙质土壤为主，透气透水，大量使用速效肥料，造成化肥流失、淋失严重。(3)氮过多，磷多，钾不足。(4)中量、微量元素严重缺乏。这四大问题导致土壤中各种营养元素比例失调，盐化现象日趋严重，严重影响了大蒜的产量。二是大蒜的营养吸收问题。因长年连作，土壤地力不断下降和土传病害日趋严重，大蒜的根系生长受到严重抑制，导致大蒜的营养吸收能力大幅度下降。

一、基肥

每公顷使用腐熟的农家肥60000kg、加饼肥或生物有机肥750kg、硫酸钾型长效高钾肥16-10-22，每公顷施基肥1500kg。

二、追肥

催薹肥，春季返青后，蒜薹伸长期前，随水冲施高氮肥（21-8-11 全营养复合肥），每公顷每次 180kg，间隔 10 天左右，共两次。催头肥，蒜薹伸长期后，随水冲施高钾肥（12-12-17 全营养复合肥），每公顷每次 180kg，间隔 10 天左右，共 2 次。

三、叶面追肥

苗后 15 天，喷施 1～2 次，稀释 900 倍的果王及稀释 6000 倍的复合型微量元素肥料靓果素，可有效供应锌铁铜锰硼钼等多种微量元素，能提高大蒜的抗病、抗寒能力。返青后，喷施 1～2 次稀释 900 倍的全营养叶面肥叶翠和稀释 6000 倍的复合型微量元素肥靓果素，能大幅度促进大蒜的茎叶生长，提高大蒜的抗病、抗寒能力。薹生长期前后，喷施 1～2 次稀释 900 倍的全营养叶面肥花宝和稀释 6000 倍的复合型微量元素肥靓果素，能大幅度促进大蒜的蒜薹生长，促进营养生长向生殖生长的转化，防止缺素症的出现。蒜头膨大期前后，喷施 1～2 次稀释 900 倍的全营养叶面肥果王和稀释 6000 倍的复合型微量元素肥靓果素，能有效防止缺素症的出现，大幅度促进大蒜蒜头的膨大，提高大蒜产量和商品等级。

四、使用大蒜凯普克

使用大蒜凯普克能大幅度促进根系生长，提高肥料吸收的能力，从而解决肥料的营养吸收问题，同时增强抵抗根结线虫的能力。播种前浸种，每公顷用 1500mL 大蒜凯普克，稀释 100 倍，浸种 6h，捞出即可。出苗后 2～3 周，用大蒜凯普克 250 倍稀释液叶面喷雾一次。间隔两周后，再用大蒜凯普克 400 倍稀释液叶面喷雾一次。

第七节　茄子测土配方施肥技术

每 1000kg 茄子需纯氮 3.2kg、五氧化二磷 0.94kg、氧化钾 4.5kg。每公顷产茄子 60000～75000kg，需纯氮 192～240kg、五氧化二磷 57～70.5kg、氧化钾 270～335kg。茄子是喜肥作物，土壤状况和施肥水平对茄子的坐果率影响较大。在营养条件好时，落花少、营养不良会使花器发育不良，不易坐果。此外营养状况还影响开花的位置，营养充足时，开花部位的枝条可展开 4～5 片叶，营养不良时，展开的叶片很少，落花增多。

茄子对氮、磷、钾的吸收量随着生育期的延长而增加。苗期氮、磷、钾三要素的吸收仅为其总量的 0.05%、0.07%、0.09%。开花初期吸收量逐渐增加，到盛果期至末果期养分的吸收量约占全期的 90%以上，其中盛果期占三分之二左右。各生育期对养分的要求不同，生育初期的肥料主要是促进植株的营养生长，随着生育期的进展，养分向花和果实的输送量增加。在盛花期，氮和钾的吸收量显著增加，这个时期如果氮素不足，花发育不良，短柱花增多，产量降低。

一、育苗肥

茄子苗期对营养土的质量要求较高，只有在质量高的营养土上才能培养出节间短、茎粗壮和根系发达的壮苗。一般要求在 10m^2 的育苗床上，施入腐熟过筛有机肥 200kg、过磷酸钙 5kg、硫酸钾 1.5kg，将床土与有机肥和化肥混匀。如果用营养土育苗，可在菜园土中等量地加入由腐熟马粪与腐熟人粪干按 4∶1 比例混合而成的有机肥，也可参考番茄育苗营养土的配制方法。如果遇到低温或土壤供肥不足，可喷施 0.3%～0.5%的尿素水溶液。为了有效地防治猝倒病，可覆盖药土。药土是 50%的多菌灵或托布津 8～10g 与 12kg 营养土按比例混合而成。药土可以在幼苗出土前一次性撒在床面上，也可在播种前将三分之二撒在床面上，播种时将三分之一撒在种子上。有时药土对幼苗根系生长有抑制作用，一旦出现抑制作用，大量多次浇水可以缓解。

二、基肥

茄子容易感染黄萎病，栽培茄子的保护地应避重茬。如果隔茬时间较短，一定要进行保护地消毒。按保护地内空间计算，每立方米用硫黄 4.0g，80%敌敌畏 0.1g，锯末 8.0g 混合均匀后点燃，封闭 24h 后再放风。消毒后的保护地每公顷施腐熟的有机肥 75000～90000kg，再将 375～525kg 的过磷酸钙和 225～300kg 硫酸钾均匀地撒在土壤表面，并结合翻地将其均匀地耙入耕层土壤。定植前每公顷施有机肥 75000kg，磷肥 375～525kg。

三、追肥

当"门茄"达到"瞪眼期"时，果实开始迅速生长，此时进行第一次追肥。每公顷施尿素 140～165kg 或硫酸铵 300～375kg。当"对茄"果实膨大时进行第二次追肥。"四面斗"开始发育时，是茄子需肥的高峰期，进行第三次追肥。前三次的追肥量相同，以后的追肥量可减半，也可不施钾肥。

第八节　番茄测土配方施肥技术

每 1000kg 西红柿需纯氮 3.86kg、五氧化二磷 1.15kg、氧化钾 4.44kg。番茄对养分的吸收是随着生育期的推进而增加的，在生育前期吸收养分量小，从第一花序开始到结果，养分吸收量迅速增加，到盛果期养分吸收量可占总吸收量的 70%～90%。番茄对氮、钾的吸收在整个生育期中呈直线上升趋势，钾的吸收率比氮大，吸收量接近氮的两倍。钙的吸收量和氮近似，在果实膨大后，累积吸收量增加快，但是钙在番茄植株体内转移很差，若土壤供钙能力低，常导致果实缺钙，出现蒂腐病。磷和镁两者吸收量近似，也是随着生育期的进展吸收量增多，但积累量较低。磷对番茄苗期生长发育影响大，苗期供磷不足，严重影响花芽分化。

一、苗床土的配制

一种是大田土壤 4 份（最好是葱蒜类菜地土壤）加腐熟猪粪或鸡粪 3 份，再加腐熟马粪3份，混合后过筛，育苗前每100kg床土再加入20g氮、磷、钾复合肥。另一种方法是在每公顷床土加入混合粪（马粪与腐熟大粪比例为7∶3）90000～112500kg、过磷酸钙900～1125kg、硫酸钾270kg，充分拌匀即成。用60%熟土（疏松肥沃沙质土），30%腐熟猪粪、牛粪、鸡粪和木屑混合物，10%砻糠灰也可。在产草炭的地区混入适量低位草炭，更为理想。

二、基肥

番茄露地栽培要重施基肥，一般以优质的有机肥为主，每公顷施60000～75000kg，施用前掺入375～750kg过磷酸钙，撒于地表，然后翻地。起垄时，沟施硫酸钾150kg，定植时每公顷施硫酸锌肥料15kg；也可在施有机肥的基础上，每公顷沟施过磷酸钙300～450kg、磷酸二铵300kg、尿素150kg、硫酸钾450kg。保护地栽培番茄更应重视施用基肥，由于保护地番茄产量高，要求的水肥条件也高，有机肥用量比露地高20%～30%，磷、钾肥用量比露地多30%。对早熟品种施肥应全部一次作基肥施入，基本上不追肥；中晚熟品种酌情考虑追肥。

三、催苗肥

在土壤地力不足时，为促进秧苗生长，每公顷可追尿素120～150kg或硫酸铵225～300kg，也可穴施粪肥6000～7500kg或追稀薄粪水7500kg。

四、催果肥

在第一果穗膨大时，可以结合浇水进行追肥，这次追肥量应占整个追肥量的30%～40%。在离根部10cm处每公顷穴施尿素150～187kg和过磷酸钙300～375kg，也可每公顷施腐熟粪肥7500～15000kg。

五、盛果肥

在第一穗果开始采收后，进入盛果期进行追肥，以满足大量果实对营养的需要，避免番茄植株早衰。此时，每公顷可追施硫酸铵225kg、过磷酸钙150～225kg或磷酸二铵150kg，也可追施腐熟人粪尿11250～15000kg。追肥后一定要浇足水，以促进肥效的充分发挥。

六、根外追肥

无论是保护地栽培还是露地栽培，都可进行根外追肥。一般在盛果期每隔7～10天喷一次叶面肥。用0.3%～0.5%尿素、0.5%～1.0%磷酸二氢钾、0.1%硫酸锌、0.1%硫酸锰、0.2%硼酸的混合液进行喷洒。这些多种元素的混合液不仅有利于提高产量，还能增加蔬菜维生素C和可溶性糖的含量。为了防止番茄蒂腐病的发生，可在果实开始膨大时，向果表面或果枝的功能叶上喷施0.3%～0.5%的氯化钙或硝酸钙溶液。

如果施肥不当也会给番茄生长带来不良的影响。果实接近着色期时，如用肥过多，植株对养分吸收会急剧增加，果实迅速膨大，易出现网纹果；氮肥施用过多、钾肥不足，植株生长过旺，或是苗期高温、光弱、营养不足，易造成子房心室数过少，产生空洞果；黑筋腐病是亚硝酸盐中毒和缺钾造成的，在保护地栽培条件下，氮肥施用过量和光照不足易发生此病；蒂腐病在很多情况下是由于过量施用氮、磷、钾而使得番茄体内钙不足引起的。

第九节 大白菜测土配方施肥技术

大白菜生育期长、生长量大、需肥量较多。其总的需肥特征是：苗期需肥量少，氮、磷、钾吸收量不足总需肥量的10%；莲座期明显增多，约占总量的30%左右；包心期吸收养分最多，可达总量的60%左右。一般每公顷产75000kg大白菜，需要从土壤中吸收纯氮165kg、五氧化二磷84kg、氧化钾187kg，氮、磷、钾比为1∶0.4∶1.1。我区大白菜配方施肥，应坚持有机、无机肥相结合，控氮、稳磷、增钾、补微的施肥原则。

一、施足底肥

以优质腐熟的农家肥为主，一般定植前结合整地每公顷施优质农家肥90000kg、45%三元复合肥300kg，硼、锌肥各15kg作底肥。造墒，撒肥，翻耕，平整地块，做畦。

二、适期追肥

一是苗期施肥。一般可在定苗后施“发棵肥”，每公顷结合灌水施用尿素150kg，土壤见干后宜中耕破土保墒。二是莲座期追肥。一般每公顷追施尿素150kg，45%三元复合肥300kg，此时因菜田尚未封垄，追肥采取埋施以提高肥效，并应结合灌水进行。三是结球期追肥。此期可持续1.5个月左右，一般可于白菜结球前、中期分两次进行，结合灌水每公顷追施45%三元复合肥150kg，以促进植株营养生长。大白菜收获前20天切忌追施氮肥，以防硝酸盐积累。

三、巧施微肥

大白菜结球期，可结合病虫害防治，每公顷喷施0.5%～1%尿素和0.2%磷酸二氢钾溶液1500kg，以延长叶片功能期和防止早衰，从而提高大白菜的净菜率和商品价值。秋冬大白菜缺钙会出现干烧心病，影响产量和品质，可在生长期喷施0.3%氯化钙溶液或0.25%～0.5%硝酸钙溶液来降低发病率。

四、配施沼肥

沼肥是制取沼气厌氧发酵后的残留物，养分全且速缓效养分兼备，可细分为沼渣肥和沼液肥。其中沼渣肥可用作秋冬大白菜基肥，每公顷施37500～45000kg，结合整地施用；沼液除可用作前期追肥外，还可作为植株叶面喷肥，分别于大白菜莲座期对水稀释2～3倍、结球期对水稀释1倍喷施，一般每公顷用750～1500kg稀释液，每隔7～10天喷1次。

第十节 大葱测土配方施肥技术

生产1000kg大葱产品，需吸收纯氮3.4kg、五氧化二磷1.8kg、氧化钾6.0kg，三者比例为1.9∶1.0∶3.3。东昌府区大葱产量为75000kg/hm^2以上，目标产量75000kg/hm^2则需吸收纯氮17.0kg、五氧化二磷9.0kg、氧化钾30.0kg。

一、重施基肥

生产实践证明，精细整地，早栽大葱，是获得高产的基础。无论是秋播苗还是春播苗，都要早整地，平移栽，在雨季和高温前使定植苗返青、根系发育好。要选择3年内未种过葱蒜类的地块，整地时要清除前茬作物遗留残体，然后深耕晒垡。在深耕时可将腐熟有机肥撒于地面，随深翻后与土壤充分混匀。一般基肥每公顷施有机肥35000～50000kg、草木灰1500kg、过磷酸钙375kg。施基肥再浅翻，耙平做成平畦或南北向种植沟。地下害虫严重时，最好用生物农药杀虫。葱苗定植时的标准是单株平均重40g左右，高50cm左右，葱白长25cm左右，葱白粗1cm左右，管状叶色浓绿，每株不少于5～6片，具有本品种的典型性状。

二、适时追肥

定植后越夏缓苗期不浇水、不追肥，只浅中耕，多松土，及时拔草，改善土壤的通气性。葱的生长期较长，需肥较多，适时追肥是高产优质的重要措施。葱白生长初期，炎夏刚过，天气转凉，植株生长逐渐加快，应追1次攻叶肥，每公顷施复合肥225～300kg或尿素、硫酸钾各225kg或腐熟有机肥15000～22500kg，肥料施沟脊，中耕混匀，锄于沟内，然后浇水，能及时满足叶片增产和增多的需求。9月上旬是大葱生育的适温期，葱白进入生长盛期，是产量形成最快的时期。此时葱需肥最多，应施加攻棵肥。此次追肥量应相等或稍多于第一次追肥量。追肥培于葱两侧，使原有的垄背变成垄沟，并及时浇水以满足葱迅速生长的需要。9月下旬至10月上旬，是葱光合产物加快运转储存、葱白产量显著增加的时期，也是产品形成前需肥的高峰期。一般每公顷施腐熟的有机肥60000～75000kg，补加复合肥375kg或外加尿素、过磷酸钙、硫酸钾各100～150kg。此肥兼有保证葱优质丰产和供给套种小麦需要的双重作用。进入10月后，由于肥料充足，叶片数及叶面积已增至顶峰，故不需追肥。

第十一节 西瓜测土配方施肥技术

每1000kg西瓜果实需要氮2.5～3.3kg、五氧化二磷0.8～1.3kg、氧化钾2.9～3.7kg。西瓜对氮、磷、钾三要素的吸收，发芽期吸肥量少，幼苗期吸收量仅占全生育期总量的0.54%；抽蔓期茎叶干重迅速增长、矿质营养吸收相应增加，占全生育期总吸收量的14.66%；坐果期、果实生长期吸收量大，占全生育期总吸收量的84.78%，日平均吸收量最高。西瓜对氮、磷、钾三要素的吸收，以钾最多，氮次之，磷最少。三者的比例大致为

3∶1∶4。氮的吸收较早，伸蔓期迅速增加，果实膨大期达吸收高峰。西瓜适于肥沃的砂壤土或黏壤土上生长，喜腐熟的农家肥。一般来说，足量的氮肥是西瓜高产的基础，充足的磷肥有利于发根，可以促进植株的生长发育，促进花芽分化，使其早开花，早坐瓜、早成熟，而钾是植物体中多种酶的催化剂，能促进光合作用、蛋白质的合成、糖分的增加、提高瓜的质量等。

对东昌府区近年来进行的有关西瓜肥料实验汇总分析可知，每公顷产 37500～45000kg 的西瓜田块，其化肥施用量一般为氮 300～375kg、五氧化二磷 90～140kg、氧化钾 180～300kg。

一、施足基肥

西瓜田块基肥一般每公顷施有机肥 15000～22500kg、钙、镁、磷肥 600～750kg、尿素 75kg、硫酸钾 120～150kg。以沟施为宜，也可施于瓜畦上，后翻入土中。

二、巧施苗肥

西瓜幼苗期，土壤中需有足够的速效肥料，以保证幼苗正常生长的需要。一般来说，在基肥中已经施入了部分化肥的地块，只要苗期不出现缺肥症状，可不追肥。若基肥中施入的化肥较少，或未配有化肥的地块，应适量巧追苗肥，以促进幼苗的正常生长发育。施肥时间以幼苗长到 2～3 片真叶时为宜，或在浇催苗水之前，每公顷追施 60～75kg 尿素。苗期追肥切忌过多、距根部过近，以免烧根造成僵苗。

三、追足伸蔓肥

西瓜瓜蔓伸长以后，应在浇催蔓水之前施促蔓肥，由于伸蔓后不久瓜蔓即爬满畦面（有些地方习惯在伸蔓时给畦面进行稻草覆盖），不宜再进行中耕施肥，因此大部分肥料要在此时施下。一般每公顷追施三元复合肥 300～375kg、尿素 300～375kg、硫酸钾 150～180kg。伸蔓肥以沟施为宜，但开沟不宜太近瓜株，以免伤根，施肥后盖土。

四、酌施坐瓜肥

西瓜开花前后，是坐瓜的关键时期，为了确保西瓜植株能够正常坐瓜，一般来说不要追肥。但在幼瓜长到鸭蛋大小时，西瓜进入吸肥高峰期，此期若缺肥不仅影响瓜的膨大而且会造成后期脱肥，使植株早衰，既降低西瓜产量，又影响瓜的品质。所以要酌施坐瓜肥，一般可每公顷追施高浓度复合肥 75～150kg。

五、后期适当喷施叶面肥

西瓜膨瓜后进入后期成熟阶段，根系的吸肥能力已明显减弱，为弥补根系吸肥不足而确保西瓜的正常成熟与品质的提高，可进行叶面喷施追肥。如喷 0.2%～0.3%的尿素溶液或 0.2%尿素＋磷酸二氢钾混合液。

第十二节 甜椒测土配方施肥技术

甜椒对养分的吸收主要集中在结果期。对氮的吸收随生育进程逐步提高，在结果期以前，主要分布在茎叶中。对磷的吸收随生育进展而增加，但吸收量变化的幅度较小。对钾的吸收在生育初期较少，从果实采收初期开始，吸收量明显增加，一直持续到结束。钙的吸收也随生育期的进展而增加。镁的吸收峰值出现在采果盛期，生育初期吸收较少。

一、基肥

每公顷施优质农家肥 60000～75000kg、过磷酸钙 450～750kg、硫酸钾 375～450kg 作基肥。60％的基肥在整地前撒施在土表，然后耕翻耙平；40％的基肥在定植时按栽植行距开沟条施，将肥料与土混匀后定植。

二、苗期追肥

移栽苗定植后结合浇缓苗水追施稀薄人粪尿或每公顷随水追施尿素 30kg。直播苗出土后，待长出 3～4 片真叶时随水追施稀薄粪肥，或每公顷随水追施尿素 30kg。

三、追肥

甜椒盛果期前追肥，果实直径达到 2～3cm 时急需补充营养供应。应结合灌水追施腐熟人畜粪尿，每公顷施 30000～37500kg。此时单施氮素化肥易造成植株徒长。根据生长情况，可进行第二次追肥，施肥量为第一次的一半。甜椒进入盛果期需肥量大，在每次采果后每公顷结合培土追施腐熟人畜粪尿 22500～30000kg 或硫酸铵 300～375kg。为了保证植株在雨季时不致出现脱肥现象，在 7 月上中旬要重施 1 次化肥，每公顷施硫酸铵 375～450kg。雨季后是甜椒第二次开花坐果高峰，为促进多抽新枝，多结果，增加后期产量一般 7～8 天灌 1 次水，施 1 次肥，施肥灌水交替进行。每公顷施尿素 75～100kg。进入 9 月，每公顷施腐熟人畜粪尿 15000～22500kg，施肥后再灌 1 次清水，以保证植株生长和果实膨大的需要。此时植株枝脆果多，采收时需细心防止折枝伤果。

第十三节 黄瓜测土配方施肥技术

黄瓜的需肥规律大约是每 1000kg 要吸收纯氮 2.80kg、五氧化二磷 1kg、氧化钾 9.9kg、氧化钙 3.1kg、氧化镁 0.7kg。根据黄瓜的需肥规律、黄瓜种植地的肥力状况及目前施肥水平，确定配方施肥的推荐量。比较肥沃的菜园土保护地的土壤肥力一般是有机质含量为 1.5％～3％、全氮 0.1％～0.15％、速效磷 20～46mg/kg、速效钾 80～150mg/kg，黄瓜目标产量为每公顷 90000kg。首先选用产量较高的早熟、中熟、中晚熟品种，每公顷施优质骡马粪或其他优质农家肥 150000～225000kg。每公顷施纯氮 255～345kg、五氧化二磷 150～200kg、氧化钾 150～185kg，不施钙、镁肥。肥力较低的新菜园保护地的土壤肥力一般是有机质含量为 1.5％～3.5％，含全氮 0.9％左右、速效磷 10～

30mg/kg、速效钾 80～130mg/kg，黄瓜目标产量为每公顷 75000kg。选择高产适宜品种，要求每公顷施优质农家肥 112500～225000kg，施化肥纯氮 255kg、五氧化二磷 160kg、氧化钾 180kg。

黄瓜定植后 30 天内对氮的吸收量猛增，70 天后吸收量开始变小。氮在各器官的吸收比例为定植后的 30 天内，叶吸收多，而茎最少；至 50 天，果实吸收量与叶接近；70～90 天，果实吸收量均超过叶部，而茎增长最慢，吸收量也最少。黄瓜的全生育期不可缺磷，特别在后 20～40 天磷的作用格外显著，此时绝对不可忽视磷肥的施用。黄瓜全生育期不能缺钾，因为不论是营养生长还是生殖生长，缺钾都会使黄瓜减产，前期缺钾较后期缺钾后果更为严重，将使黄瓜大幅度减产。黄瓜在收瓜期间对营养元素吸收量以钾最多，氮次之，钙、磷再次之，镁最少。吸收量都是在摘瓜开始时显著地减少，摘瓜期间又明显增加，到收获末期，增长量又变小，这和果实吸收量以及植株生育过程完全一致。氮、磷、钾各元素的 50％～60％在收获期吸收，叶和果实内三种元素的含量差不多是各半，也就是说，其中一半是随果实被采收。所以说产量越高对养分的吸收就越多，对地力的消耗就越大，故黄瓜结果期的追肥也是很重要的。黄瓜对养分的吸收很快，一般夜间比白天吸收多。

一、施足基肥

黄瓜根系浅，吸收能力比较弱，但生长快，结果多，加之栽培密度大，故必须大量供应水肥，使之充分吸收。基肥多施热性的有机肥料（如骡马粪堆肥等）使土壤温暖、疏松、透气、保水、保肥，以满足根系对环境条件的要求，使根生长茂密，从而扩大其吸收面和吸收量；基肥普施与集中施用相结合，畦面施与畦埂施相结合，使根系吸收面深广，以满足对水肥条件的要求。一般黄瓜丰产田每公顷施优质厩肥、堆肥等 75000kg；保护地（拱棚温室、地膜覆盖）每公顷施腐熟的优质农家肥 90000kg 以上，同时配施过磷酸钙 500～750kg、硫酸钾 225kg，三种元素的大致比例是 1∶0.6∶0.8。基肥的施用方法是大部普施，随深耕翻入土内，留少部分定植时集中条施于沟内。鉴于黄瓜不能忍耐 0.05％以上的土壤溶液浓度，所以未腐熟的有机肥料不宜施用过多，应留在追肥时分期施用，以防烧根。

二、追肥

初花期黄瓜的水肥管理主要在于“控”，目的是防止茎叶徒长引起“化瓜”，加强中耕蹲苗，促进根系生长，但控制要适当。结瓜期总的管理特点在于“促”，目的是促进生殖生长，提高产量。促的原则是“先轻促，中大促，后小促”。具体来说，根瓜生育期植株生长量和结瓜数还不多，水肥需要不太多，浇水保持地面见干见湿即可；腰瓜生育期气温升高，植株生长和结瓜均逐渐达到极盛阶段，需要水肥的数量大大增加，故必须大量追肥浇水，每 1～2 天 1 次；顶瓜生育期植株进入衰老阶段，仍需加强肥水的供应管理，争取茎叶不早衰，延长结瓜期，增加产量。追肥的原则是薄施、勤施、少量多施。一般结合浇催瓜水，大量施用有机肥料（如粪稀、粪干、厩肥、堆肥等），兼施一些化学肥料。一般每公顷施人粪尿或优质腐熟厩肥 15000kg、硝酸铵 120～150kg、过磷酸钙 150～225kg、氯化钾 75～150kg。根瓜收摘后，瓜秧逐渐繁茂，一般采用顺水追肥。原则上每隔 1 次浇水，顺水追肥 1 次，也就是菜农常说的“一清一混”交替进行。每次浇水量不宜过大，大水灌溉会引起枯萎病的发生。追肥时最好是化肥与人粪尿相间施用，并增加磷、钾成分。化肥量尿素每次 150～200kg/hm^{2}或碳酸铵 375～450kg/hm^2，人粪尿每次 12000～15000kg/hm^2、过磷酸钙 150～225kg/hm^2、氯化钾每次 75～150kg/hm^2。伴随结瓜期的旺盛生育，逐渐增加浇水和追肥次数。采取这种少量多次的追肥方法，能满足黄瓜营养生长和生殖生长对养分的需要，使之生长协调，避免“化瓜”，获得较高的产量。

第十四节　芹菜测土配方施肥技术

每 1000kg 芹菜，需要纯氮 1.8～2.0kg、五氧化二磷 0.7～0.9kg、氧化钾 3.8～4kg，其比例为 1：0.4：2。芹菜一般从播种出苗到定植需 50～60 天，从定植到收获需 60～100 天。根系吸肥能力较弱，要求土壤有机质含量高，无机营养丰富，对土壤中的水分和养分要求严格，耐旱性差，土壤水分充足时，品质好、产量高。

芹菜幼苗生长期长，苗床宜选肥沃而疏松的土壤，每 10m^{2}苗床施入 30～40kg 腐熟且细碎的有机肥。深翻细耙，土肥混匀，以免烧根烂种、出苗不齐。为防止蚯蚓危害，亦可在播前 10 天，每 30m^{2}随水冲施氨水 1kg，墒情适宜时再耙 1 次待播。为提高育苗质量，亦可用人工配制的培养土育苗，一般用肥沃无病害的壤土 6 份、腐熟有机厩肥 4 份配制；或 4 份草炭土、3 份壤质土、3 份厩肥配制。在培育西芹幼苗时，为避免移植时伤根需采用营养钵育苗。出苗 30 天左右，酌情追施低浓度氮肥 1 次，每畦 10m^{2}施纯氮 40g，促进幼苗健壮。定植前施基肥，结合整地每公顷施入腐熟有机肥 45000～60000kg、五氧化二磷 120～180kg。缓苗期间不追肥，缓苗后为促进新根和叶片的生长可施提苗肥 1 次，每公顷随水追施纯氮 30～45kg 或腐熟人粪尿 7500～9000kg。当新叶大部分长出，植株进入叶丛生长盛期时，叶面积迅速扩大，叶柄迅速伸长，这时要多次追肥，当株高 30cm 左右时每公顷追施纯氮 45～60kg，10～15 天后可再追施氮肥 1 次。高温多雨季节，追肥用无机肥，并分次施用，每次用量不宜过多，不用人粪尿，以免烂根。秋冬季节种植芹菜，追肥次数应减少，而每次的施用量可适当增多。芹菜的施肥技术要注意与水分管理相结合，在生长中期以后要保持土壤湿润，直至收获，这样才能更好地发挥施肥效果。高温及土壤干旱，不利于硼的吸收，可用 0.2%～0.5%的硼酸作叶面追肥，防止叶柄粗糙和龟裂。

第十五节　山药测土配方施肥技术

每 1000kg 块茎，需纯氮 4.32kg、五氧化二磷 1.07kg、氧化钾 5.38kg，所需氮、磷、钾的比例为 4：1：5。山药对养分的吸收动态与植株鲜重的增长动态相一致。发芽期，植株生长量小，对氮、磷、钾的吸收量亦少。甩蔓发棵期，随着植株生长速度的加快，生长量增加，对养分特别是氮的吸收量增加较多。进入块茎生长盛期，茎叶的生长达到了高峰，块茎迅速生长和膨大，对氮、磷、钾的吸收也达到了高峰。山药生长前期供给适量的速效氮肥，有利于藤蔓的生长。进入块茎生长盛期，要重视氮、磷、钾的配合施用，特别要重视钾肥的施用，以促进块茎的膨大和物质积累。生长后期要控制氮肥的施用量，防止藤蔓徒长。山药是忌氯作物，土壤中氯离子过量会影响山药生长，表现为藤蔓生长旺盛，块茎产量降低、品质下降、易碎易断，不耐储藏和运输。因此，在生产中不宜施用含氯肥料。山药的生育期较长，需肥量很大，特别喜肥效较长的有机肥。由于块茎的形成伴随着淀粉等物质的积累，故磷、钾的需求量相对较大。山药在生长前期，由于气温低，有机养分释放慢，宜供给适量的速效氮肥，促进茎叶生长；生长中后期块茎的生长量激增，需要吸收大量的养分特别是磷、钾肥，要特别注意防止缺肥早衰。

一、基肥

山药吸收根入土较浅而块茎入土较深，因此，一定选择土层深厚、疏松，且3年内未连作的砂壤土或壤土，在头年冬季深翻35cm以上，开春后作高畦或沟垄栽植。由于山药的主要吸收根系分布在上层土壤中，故基肥浅施于表土层，采取先栽植种块，随后翻土施肥的方法。基肥宜选用干粪、草木灰或土杂肥与土拌匀。粪肥应先腐熟，一般每公顷施45000～60000kg，施尿素300～375kg、过磷酸钙225kg、硫酸钾375～500kg。在无霜期较短的地区，为了延长其大田生育期，提高产量和质量，可采取育苗移栽的方法，利用保护设施进行苗床育苗，然后适时定植到大田中。

二、巧施追肥

前期山药主要以地上茎叶生长为主，地下茎增长较缓慢，需肥量也较少。故从播种或移栽直至发棵都可大量施腐熟的粪肥，一般从齐苗时或移植成活后施一次稀粪尿(15000kg/hm^2)。以后每隔20～30天施1次，每次每公顷沟施腐熟的粪尿肥15000～22500kg或三元复合肥225～300kg。植株现蕾后，地下块茎在迅速伸长的同时，也逐渐进入膨大增粗增重时期，需肥剧增，此时应重施较浓的人粪尿和饼肥混合液每公顷30000～45000kg或三元素复合肥600～800kg。此次追肥是对块茎产量影响最大的一次关键性肥料。以后在茎蔓满架时，如发现有脱肥现象，可再追一次肥，用量比前一次要少。最后一次则在收获前40天时看植株长势，补肥1次，以提高块茎产量和品质。在霜降后，地上茎叶枯黄，应及时采收。

第十六节　菜豆测土配方施肥技术

每1000kg菜豆需要纯氮10.2kg、五氧化二磷4.4kg、氧化钾9.7kg。菜豆生育期中吸收氮、钾较多，对磷肥的需求虽不多，但缺磷可使开花结荚减少，荚内籽少，产量低。钾能明显影响菜豆的生育和产量。微量元素硼和钼对菜豆的生育和根瘤菌的活动有良好的效果，适量施用钼酸铵可以提高菜豆的产量和品质。矮生菜豆生育期短，从开花盛期起就进入旺盛生长期，所以宜早期追肥，促早发育，多开花结果。蔓性菜豆生长发育比较缓慢，大量吸收养分的时间开始也迟，从嫩荚伸长起才旺盛吸收，生育后期仍需吸收大量的氮肥，所以更应后期追肥，防止早衰，延长结果期，增加产量。

东昌府区大部分田地属中等肥力水平，在此肥力水平下菜豆全生育期每公顷施肥量为纯氮120～150kg、五氧化二磷75～90kg、氧化钾120～160kg，氮、钾肥分基肥和二次追肥，磷肥全部作基肥。

一、基肥

以有机肥混施磷、钾肥最好，基肥用量一般每公顷施用腐熟厩肥 7500～15000kg 或土杂肥 22500～30000kg，并混入过磷酸钙 225～300kg、氯化钾 150kg，基肥要深施，采用穴施或条施均可。

二、追肥

应分别在苗期、开花期和结荚期进行，肥沃的土壤可不施肥，如幼苗生长矮小、叶小色暗，可适量追施氮肥，促进幼苗生长；花芽分化期需肥较多，追施少量氮肥可促进腋芽分化和分枝生长；开花结荚期，采取根外喷施磷肥，有利于籽粒饱满并增加含油量，每公顷用 30～60kg 过磷酸钙兑水 1500kg 喷施。无论在生长前期或后期，施氮肥均不宜过多，以免引起倒伏和影响根瘤生长。

三、叶面施肥

微量元素肥料多在开花期根外喷施，每公顷用硼砂或硫酸铜、硫酸锌、硫酸锰 1.5～3.0kg 兑水 15kg 喷施；钼肥可用作拌种，每公顷用 300g 钼酸铵水溶液拌种子，拌匀晾干后播种。

第十七节　西葫芦测土配方施肥技术

西葫芦根系强大，耐低温和弱光的能力强，具有较强的吸水力和抗旱能力，同时对土壤的要求也不太严格，在砂土、壤土或黏土上均可很好地生长，而且产量高，病害相对较轻、采瓜期长，效益高。西葫芦每 15000kg 商品瓜，需肥折合纯氮 60～80kg、五氧化二磷 33～36kg、氧化钾 60～100kg。

东昌府区一般年份每公顷产西葫芦 75000kg 以上，75000kg 西葫芦需纯氮 360kg、五氧化二磷 165kg、氧化钾 360kg。西葫芦的施肥应以有机肥为主，肥料配合上必须注意磷、钾肥的供给，特别是结瓜期必须有足够的磷、钾肥。

一、重施基肥

西葫芦为越冬茬栽培，为防止冬季低温追肥不及时发生脱肥，应施足底肥，在没有前茬作物占地的情况下，整地前浇透水。当土壤适耕时每公顷撒施优质腐熟有机肥 75000～100000kg、磷酸二铵 450～600kg、尿素 450kg、硫酸钾或硝酸钾 300～450kg，深翻 30cm，施肥后闭棚升温烤地 5～7 天后再定植，也可用硫黄或百菌清烟雾熏剂熏蒸灭菌，效果也很好。

二、巧施追肥

缓苗后及时浇一水，结合浇水可随水每公顷冲施尿素 150kg，后控水蹲苗。进入结瓜期，即冬季，气温较低，不利瓜秧生长。此期营养生长和生殖生长同时进行，协调好二者关系，平衡施肥是关键。当根瓜开始膨大时结合浇水进行第二次追肥，每公顷追施磷酸二铵

225～300kg 或氮、磷、钾复合肥 150～225kg。追肥时将肥料先溶于水再随水灌于地膜下的暗沟中。灌水后封严地膜加强放风排湿。进入盛果期，肥水管理非常重要。西葫芦采收频率高，每株可采收 7～9 个果实。15 天左右追肥一次，每次每公顷随水冲施尿素或硫酸铵 300～450kg 或氮、磷、钾复合肥 500kg 或饼肥沤制肥液、充分腐熟的人粪尿 10 倍稀释液 400～500kg。化肥和有机肥交替施用最好。

三、叶面施肥

叶面交替喷施 0.1%尿素加 0.2%磷酸二氢钾加 100 倍糖水或爱多收、叶面宝等叶面肥以弥补根系吸收养分的不足。结瓜后期，植株衰老，适当减少肥料用量。除施以上肥外，应特别注意施用二氧化碳气肥。一般选择晴天上午日出后半小时左右，温度升到 15℃时，开施 CO_2 气肥，浓度为 1000～1300mg/L，每 3～5 天 1 次，每次 2h，可提高坐果率，延长结果期。

第十八节　马铃薯测土配方施肥技术

马铃薯是一种以块茎为经济产品的作物，需钾量大，属典型的喜钾作物。每 1000kg 鲜薯需纯氮 4.4～5.5kg、五氧化二磷 1.8～2.2kg、氧化钾 7.9～10.2kg，氮、磷、钾比例为 1∶0.4∶2。马铃薯吸收氮、磷、钾的数量和比例随生育期的不同而变化。苗期是马铃薯的营养生长期，吸收的氮、磷、钾分别为全生育总量的 18%、14%、14%。块茎形成期（孕薯至开花初期），植株营养生长和生殖生长并进，对养分的需求明显增多，吸收的氮、磷、钾已分别占到总量的 35%、30%、29%，而且吸收速度快，此期供肥好坏将影响结薯量。块茎增长期茎叶生长减慢或停止，主要以块茎生长为主。植株吸收的氮、磷、钾分别占总量的 35%、35%、43%，养分需要量最大，吸收速率仅次于块茎形成期。淀粉积累期，此期茎叶中的养分向块茎转移，茎叶逐渐枯萎，养分吸收减少，植株吸收氮、磷、钾养分分别占总量的 12%、21%、14%，此时，供应一定的养分，防止茎叶早衰，适当延长绿色体寿命，对块茎的形成与淀粉积累有着重要意义。

我区一般每公顷产马铃薯 22500～30000kg，需施肥量为有机肥 15000～22500kg、纯氮 187～240kg、五氧化二磷 105～145kg、氧化钾 375～450kg。

一、基肥

氮肥占总施肥量的 60%、钾肥占总施肥量 40%、有机肥、磷肥 100%，一般每公顷施尿素 270～330kg、五氧化二磷 84～105kg、氧化钾 75～94kg 或中低浓度复合肥 750～900kg。

二、追肥

出苗至现蕾结合中耕除草追肥一次，每公顷施尿素 75kg 左右。现蕾期，马铃薯茎叶生长迅速，地下块茎形成膨大期，养分需要多，应再施一次肥，此时施肥以钾、氮为主，每公顷施尿素 150～225kg、硫酸钾 300kg 或每公顷施中低浓度复合肥 600～750kg、硫酸钾 225kg。

三、根外追肥

开花后不再进行根际施肥，若有早衰现象可用 0.5%尿素和 0.2%磷酸二氢钾溶液作根外追肥。后期对镁元素需要量也比较大，若前期施用高浓度复合肥或有机肥施用量较少时，会发生镁供给不足，应注意矫正。

第十九节　花椰菜测土配方施肥技术

花椰菜由于生长期长，对养分需求量大，需要量最多的是氮和钾，花球形成期需磷比较多。另外对硼、镁、钙、钼的需要量也较大。每 1000kg 花椰菜花球需纯氮 7.70～10.80kg、五氧化二磷 2.10～3.20kg、氧化钾 9.20～12kg。显蕾前，养分吸收少，现蕾后对养分的需求逐渐加大，至花球膨大盛期，对养分需要最多，吸收速度最快，因此在花芽分化和花球发育过程中，要保证磷、钾营养的充分供应。

一、施肥原则

(一)有机肥为主，化肥为辅

花椰菜田单施化肥比单施有机肥中的硝酸盐残留高。因此无公害花椰菜生产用肥必须以有机肥为主，矿质化学肥料和微量元素肥为辅，大力加强配方施肥。

(二)限量使用氮肥

氮素肥料是花椰菜生产中使用量较大而且整个生长期间都必须的品种。当氮肥充足时，植株生长茂盛，叶色浓绿，高产。如果缺乏氮肥，则植株茎叶窄小，叶色发黄，产量和品质都会下降。但是，超量施用氮肥，也会引起菜体内硝酸盐含量剧增，容易发生病虫害。

(三)禁止花椰菜施氮肥后立即上市

花椰菜最后一次追施氮肥后，至产品采收上市必须有一段安全间隔期，应该在最后一次追施氮肥后的第 8 天才可以上市。

(四)大力提倡根外追肥

植物主要依靠根部吸收养分，叶片和嫩茎也能直接从喷洒在其表面的溶液中吸收养分，故应大力提倡。尿素和过磷酸钙以及磷酸二氢钾，还有一些微量元素，作为根外追肥都是适宜的。

(五)根据花椰菜的生理特点确定施肥期

花椰菜苗期需要养分不多，在旺盛生长和产品形成期需要养分较多。有机肥和磷肥一般在花椰菜播种和定植前作基肥，速效氮、钾肥可在花椰菜生育中期作追肥。追肥的次数可根据花椰菜生长发育情况确定，一般每 15～20 天追 1～2 次肥。

二、使用肥料种类

(一)有机肥

包括人畜粪尿、堆肥、沤肥、沼气肥、绿肥、作物秸秆、泥肥、饼肥、草木灰、炉渣等。除草木灰、炉渣外，其余在施用前均应充分腐熟。经过高温发酵后可100%杀死大肠杆菌等病原微生物，可以减少1/2～1/3体积和重量，便于田间运输使用。另外，未腐熟的有机肥在施到田间后再进行发酵，容易烧伤菜根。

（二）生物菌肥

包括腐殖酸类肥料、根瘤菌肥料、磷细菌肥料、复合微生物肥。

（三）无机肥料

如硫酸铵、尿素、过磷酸钙、硫酸钾等既不含氯又不含硝态氮的氮、磷、钾化肥以及各地生产的花椰菜专用肥。

（四）微量元素肥料

以铜、铁、硼、锌、钼等微量元素及有益元素为主配制的肥料。

三、施肥技术

（一）施足基肥

每公顷施优质农家肥45000～75000kg、硫酸铵300～450kg、过磷酸钙525～600kg、钾镁肥375kg、硼砂30kg、硫酸钾225～375kg。可把化肥与农家肥混合后，将60%施在畦中，余下40%待移栽时施在沟或穴中。

（二）追肥

花椰菜从移栽到收获需追肥2～3次。第一次追肥应在花球直径长到3～5cm时及时施肥浇水，每公顷追施硫酸铵225kg。第二次追肥应在花球直径5～8cm时，每公顷追施腐熟粪干或鸡粪6000kg左右，并浇水。在花蕾直径达12～13cm时进行第三次追肥，如果遇雨水过多，则应配合钾肥施入，每公顷施用硫酸钾225kg或45%复合肥300～375kg。

（三）叶面喷肥

植物主要依靠根部吸收养分，叶片和嫩茎也能直接从喷洒在其表面的溶液中吸收养分。在花椰菜的花球期间适当喷施0.3%磷酸二氢钾和0.1%硼砂溶液，隔7～10天喷1次，连喷3次，增产效果显著；或在花球形成初期进行追肥、培土、除草和剥去黄叶病叶后，用0.5%的硼酸溶液喷施整个植株1～2次，以提高花球品质；当50%～60%的植株形成花球，直径达到5cm以上大时，用0.5%尿素溶液喷施叶面1次，间隔7～10天再喷1次。

第二十节　韭菜测土配方施肥技术

韭菜的商品菜主要是嫩绿肥厚的叶片。每1000kg韭菜对三要素的需要量为纯氮6～7kg、五氧化二磷1.8～2.5kg、氧化钾6.2～7.5kg，其比例约为1∶0.4∶1.2。在不同生长发育期，需肥量有显著差异。一年生的幼苗，由于幼根发育不完全，幼苗生长量小，吸肥和耐肥的能力都较差。两年以上的韭菜能分化花芽，营养生长和生殖生长交替进行，需肥量较多。五年以上的韭菜，营养生长的高峰期已过，逐渐进入衰老阶段，需肥量减少。进入生长盛期的韭菜，随根系和分蘖的迅速生长，需肥量急剧增加，直到收获。收获后韭菜又进入吸肥和需肥量较少的阶段，之后又随新分蘖的产生，需肥量又增加，养分吸收量呈周期性变化，韭菜一年约有5次分蘖高峰。

一、基肥

每公顷可用厩肥52500～60000kg和当年应施用的全部磷、钾肥作基肥，全层施用。因为韭菜为多年生，而且有“跳根”，每年秋冬或春季返青前都要施用有机肥和磷、钾肥或用河泥加厚土层，培土护根，为新根生长和分蘖的形成创造良好的环境。

二、追肥

定植后基肥供应养分就足够前期吸收，一般不追肥，待入秋后，韭菜生长旺盛季节，施氮肥2～4次。翌年春季随着气温的升高，随水冲施人粪尿，每公顷施入15000～22500kg。韭菜返青而进入收获季节，这时追肥要以速效氮肥为主，做到“刀刀追肥”，这对于恢复韭菜长势，促进分蘖，延长植株寿命，提高下茬产量均有重要作用。第一次追肥的时间应掌握在收割的伤口愈合，新叶长出时施入，切忌收割后立即追肥，以免造成肥害。追肥时可以随水或开沟每公顷施入纯氮52.5～60kg。夏季气温高于24℃时不宜韭菜生长，一般不进行收割。为了弥补春季收割后的营养不足和开花结果对养分的消耗，除留种田外，需及时剪除幼嫩花薹以利养根，同时要适量追施氮肥或人粪尿水1～2次。在秋季一般根据韭菜长势，收割1次，追肥1次，停止收割以后不再追肥。

第二十一节 菠菜测土配方施肥技术

1000kg菠菜需纯氮1.6kg、五氧化二磷0.83kg、氧化钾1.8kg。菠菜根系十分发达，分布范围可达$1m^2$，喜欢富含有机质的砂壤土。东昌府区常年种植菠菜$1467hm^2$，根据不同的生产季节划分为冬菠菜、春菠菜、秋菠菜。菠菜播种前要充分浇水，确保苗齐、苗旺，至出苗不再浇水，发芽至3～4叶期，为防止立枯病的发生，要尽量控制浇水。生育中后期需水量增大，一般需浇水3～5次，保持土壤湿润，越冬菠菜在冬前浇足“冻水”。越冬菠菜头年秋末播种，翌年春天收获，冬季需进行长时间的休眠。所以尤其需要注意越冬菠菜的施肥。

一、施足基肥

秋菠菜每公顷施有机肥60000～75000kg、过磷酸钙375～450kg、深翻地30～37.5cm，做高畦或平畦。越冬菠菜选择土层深厚、土质肥沃、腐殖质含量高、保肥蓄水性能好的土壤，还应比其他季节多施有机肥。每公顷可撒施腐熟有机肥75000kg、过磷酸钙375～450kg，深翻地20～25cm，使土肥充分混匀，疏松土壤，促进幼苗出土和根系发育。基肥充足，幼苗生长健壮，是菠菜安全越冬的关键。春菠菜播种早，可于上年整地施肥，每公顷施腐熟有机肥60000～75000kg，深翻20～25cm，耙平做畦，当早春土壤化冻7～10cm深时即可播种。以选择中性黏质土壤为宜，可用堆肥和化肥混合物撒施作底肥。每公顷施堆肥45000～60000kg、过磷酸钙450～525kg、硫酸铵300～375kg、硫酸钾150～165kg，深翻地20～25cm，耙平做畦。

二、适时追肥

秋菠菜幼苗出土后，长到4～5片真叶时，应分期追施2～3次速效性氮肥。每公顷顺水追施硫酸铵300～375kg或尿素150～180kg，促进叶片加厚生长，增加产量，提高品质。越冬菠菜在冬季需进行长时间的休眠，所以要注意施肥。越冬之前，菠菜幼苗高10cm左右，需根据生长情况，追施1次越冬肥，每公顷应施尿素150～180kg、五氧化二磷21～25.2kg。越冬之前一定要浇1次封冻水，以防冬季死苗。翌年春天，应及时追肥，每公顷可施纯氮75～94kg、五氧化二磷、氧化钾180～300kg。也可用0.3%的叶面肥进行叶面喷施。早春生长期30～40天，当菠菜叶片发绿，心叶开始生长时，可浇1次小水。菠菜进入旺盛生长期后，应及时追肥，结合浇水每公顷施硫酸铵150～180kg。此期供给充足的肥水，能延迟抽薹，提高产量，改善品质。春菠菜在生育初期，一般不需施肥水，以利于吸收土壤中的营养物质。到生育中后期，吸收肥水量加大，每公顷可顺水追施硫酸铵225～300kg。由于春菠菜生长期短，氮肥充足可使叶片生长旺盛，延迟抽薹期。夏菠菜正处高温季节播种，出现2～3片真叶后，追1～2次速效氮肥，每公顷可施硫酸铵150～180kg。菠菜追肥切忌把化肥撒在心叶里，以免造成烧苗，每次追肥应结合浇水，使化肥能尽快发挥作用，实现菠菜高产高效。

第二十二节　甘蓝测土配方施肥技术

每1000kg甘蓝需纯氮2.0kg、五氧化二磷0.72kg、氧化钾2.2kg。每公顷产甘蓝45000～60000kg，需纯氮90～150kg、五氧化二磷33～54kg、氧化钾99～165kg。甘蓝属于浅根系作物。根系有主根、侧根和发达的根毛。整个根系绝大部分伸展于25cm以上的表土层中。甘蓝对土壤适应性较强，但适宜种植于肥沃、通气排水、保肥保水性好的壤土上。适合中性土壤，对微酸性、微碱性土壤也有一定适应能力。甘蓝耐盐力强，在含盐量0.75%～1.2%的盐碱土上尚能正常结球。在生长前期以施氮肥为主，生长后期需配合一定量的磷、钾肥。甘蓝应与瓜类、豆类、茄果类蔬菜轮作，切不可与十字花科蔬菜连作，以防病害发生严重。结球甘蓝是喜肥耐肥作物，对土壤养分的吸收大于一般蔬菜。在幼苗期、莲座期和结球期吸肥动态与大白菜相同。生长前半期，对氮的吸收较多，至莲座期达到高峰。叶球形成对磷、钾、钙的吸收较多。结球期是大量吸收养分的时期，此期吸收的氮、磷、钾、钙可占全生育期吸收总量的80%。定植后，35天前后，对氮、磷、钙元素的吸收量达到高峰，而50天前后，对钾的吸收量达高峰。一般吸收氮、钾、钙较多，磷较少。

一、重施基肥

增施有机肥，特别是施用腐熟的、用酵素菌EM菌沤制的有机肥，可大大降低甘蓝中硝酸盐的含量。近年来研制的控释、缓效无机、有机复合肥，在土壤中不易淋失，肥效长而稳，可减少施用量，提高利用率，降低对甘蓝等的硝酸盐污染。菜田长期施用化肥，使微生物含量逐年降低，因此有机质的腐解受阻，养分有效利用率低。施用固氮菌、磷细菌、钾细菌、菌根等生物肥料，对提高土壤微生物活性，促进土壤养分的生物有效性，降低蔬菜硝酸盐含量有显著的作用。根据土壤供肥能力和甘蓝需肥量,按比例增施肥料,既可增产增质,又不会造成硝酸盐污染。一般产量为每公顷 75000kg,施圈肥 90000kg,追施尿素 600kg、三元复合肥300kg,能够充分供应甘蓝氮、磷所需,并稍有富余,而钾略有不足。有条件时,每公顷补施 300kg 钾肥,可起到显著的增质效果。基肥可撒施、沟施或穴施。沟施和穴施是在基肥量少的情况下,施用腐熟的有机肥料,施后即可定植。

二、巧施追肥

定植后及时浇水,在施足基肥的基础上,随定植水早期追施少量速效氮肥,每公顷施硫酸铵 225kg,可加速缓苗,增强幼苗抗寒能力,促进早熟高产。当植株旺盛生长、叶片明显生有蜡粉,心叶开始抱合时,应及时结束蹲苗,再行浇水追肥,每公顷追施稀人粪尿 1125kg 左右。进入结球期,需加强肥水管理。此期是甘蓝生长最快的时期,生长量最大,需肥量也大,应及早追肥。从开始卷心到结球前期,连续追肥 2 次。每次每公顷随水施入沤制好的饼肥液 11250kg 或有机、无机复合肥 450kg。采收前 30 天左右停止追肥。

第二十三节 胡萝卜测土配方施肥技术

氮能促进胡萝卜枝叶生长,合成更多养分;磷有利于养分运转,增进品质,对胡萝卜的初期生长发育影响很大,但对以后肉质膨大作用较小,故一般在基肥中施入;钾能促进根部形成层的分生活动,增产效果明显。在中后期适当追肥,并注意磷、钾肥的配合使用。基肥中施用钙、镁、磷肥,可增加土壤中的钙、镁含量。胡萝卜生长还需要钼和硼,缺钼植株生长不良,植株矮小,缺硼根系不发达,生长点死亡,外部变黑。每 1000kg 胡萝卜需纯氮 2.4kg、五氧化二磷 0.8kg、氧化钾 5.7kg。

东昌府区中等肥力水平下,胡萝卜全生育期每公顷施肥量为农家肥 30000～37500kg、纯氮 40～60kg、五氧化二磷 15～20kg、氧化钾 38～45kg,氮、钾肥分基肥和二次追肥,磷肥全部作基肥,化肥和农家肥混合施用。

一、基肥

每公顷施用农家肥 30000～37500kg 或商品有机肥 4500～5200kg,尿素 45～60kg、磷酸磷酸二铵 150～180kg、硫酸钾 100～140kg。

二、追肥

肉质根膨大前期每公顷施尿素 90～120kg、硫酸钾 75～100kg,肉质根膨大中期每公顷施尿素 75～100kg、硫酸钾 75～100kg。

三、叶面施肥

缺硼时可叶面喷施 0.10%～0.25%的硼酸溶液或硼砂溶液 1～2 次,缺钼可叶面喷施 0.05%～0.1%的钼酸铵溶液 1～2 次。

第二十四节　甜瓜测土配方施肥技术

每 1000kg 甜瓜约需吸收纯氮 3.5kg、五氧化二磷 1.72kg、氧化钾 6.88kg。按肥料利用率折算，实际施肥时三要素比例 1∶1∶1 为好。甜瓜需肥量大，对养分吸收以幼苗期吸收最少，开花后氮、磷、钾吸收量逐渐增加，氮、钾吸收高峰约在坐果后 16～17 天，坐果后 26～27 天就急剧下降。磷、钙吸收高峰在坐果后 26～27 天，并延续至果实成熟。开花到果实膨大末期的 1 个月左右时间内，是甜瓜吸收矿质养分最多的时期，也是肥料的最大效率期。钙和硼不仅影响果实糖分含量，而且影响果实外观，钙不足时，果实表面网纹粗糙，泛白，缺硼时果肉易出现褐色斑点。甜瓜为忌氯作物，不宜施用氯化铵、氯化钾等肥料。

东昌府区中等肥力水平下甜瓜全生育周期每公顷施肥量为有机肥 45000～52500kg、纯氮 270～315kg、五氧化二磷 90～120kg、氧化钾 90～150kg。有机肥作基肥，氮、钾肥分基肥和三次追施，磷肥全部基施，化肥和农家肥(或商品有机肥)混合施用。

一、基肥

基肥以有机肥为主，配合适量化肥。一般每公顷施农家肥 45000～52500kg、尿素 75～90kg、磷酸二铵 195～255kg、硫酸钾 75～90kg。

二、追肥

伸蔓期追肥每公顷施尿素 135～150kg、硫酸钾 45～60kg。果实膨大初期每公顷施尿素 180～210kg、硫酸钾 60～75kg。果实膨大中期追肥每公顷施尿素 135～150kg、硫酸钾 45～60kg。

三、叶面追肥

坐果后每隔 7 天左右喷一次 0.3％磷酸二氢钾溶液，连喷 2～3 次。

第二篇　专题

东昌府区耕地改良利用分区专题研究

耕地是农业生产和农业可持续发展的重要基础。耕地维持着作物生产力，影响着环境的质量和动物、植物甚至人类的健康。自 1979～1985 年第二次土壤普查以来，随着农村经营体制、耕作制度、作物品种、种植结构、产量水平和肥料使用等方面的显著变化，耕地利用状况也发生了明显改变。近年来，虽然对部分耕地实施了地力监测，但至今对区域中、低产耕地状况及其障碍因素等缺乏系统性、实用性的调查分析，使耕地利用与改良难以适应新形势农业生产发展的要求。因此，开展区域耕地地力调查评价，摸清区域中、低产耕地状况及其障碍因素，有的放矢地开展中、低产耕地的科学改良利用，挖掘区域耕地的生产潜力，对于东昌府区耕地资源的可持续利用具有十分重要的意义。

一、耕地改良利用分区原则与分区系统

(一)耕地改良利用分区的原则

耕地改良利用区划的基本原则是：从耕地自然条件出发，主导性、综合性、实用性和可操作性相结合。按照因地制宜，因土适用，合理利用和配置耕地资源，充分发挥各类耕地的生产潜力，坚持用地与养地相结合，近期与长远相结合的原则进行。以土壤组合类型、肥力水平、改良方向和主要改良措施的一致性为主要依据。同时考虑地貌、气候、水文和生态等条件以及植被类型，参照历史与现状等因素综合考虑进行分区。

(二)耕地改良利用分区系统

根据耕地改良利用原则，将影响耕地利用的各类限制因素归纳为耕地自然环境要素、耕地土壤养分要素和耕地土壤物理要素，将全区耕地改良利用划分为 3 个改良利用类型区，即：耕地自然环境条件改良利用区、耕地土壤培肥改良利用区、耕地土体整治改良利用区，并分别用大写字母 E、N 和 P 表示。各改良利用类型区内，再根据相应的限制性主导因子，继续分为相应的具体改良利用亚类。

二、耕地改良利用分区方法

(一)耕地改良利用分区因子的确定

耕地改良利用分区因子是指参与评定改良利用分区类型的耕地诸属性。由于影响的

因素很多，我们根据耕地地力评价，遵循主要因素原则、差异性原则、稳定性原则、敏感性原则，进行了限制主导因素的选取。考虑耕地地力评价中评价因素的一致性，考虑各土壤养分的丰缺状况及其相关要素的变异情况，选取耕地土壤有机质含量、有效磷含量、速效钾含量、有效锌含量和有效硼含量等因素作为耕地土壤养分状况的限制性主导因子；选取灌溉保证率、盐渍化水平作为耕地自然环境状况的限制性主导因子；选取耕层质地条件和土体构型条件等作为耕地土壤物理状况的限制性主导因子。

（二）耕地改良利用分区标准

依据农业部《全国中低产田类型划分与改良技术规范》，根据山东省各县区耕地地力评价资料，综合分析目前全省各耕地改良利用因素的现状水平，同时针对影响东昌府区耕地利用水平的主要因素，邀请有土壤管理经验的相关专家进行分析，制订了耕地改良利用各主导因子的分区及其耕地改良利用类型的确定标准。具体分级标准如表1所示。

表1　　耕地改良利用主导因子分区标准

耕地改良利用区划	限制因子	代号	分区标准
耕地土壤培肥改良利用区(N)	有机质(O,g/kg)	NO	<12
	有效磷(P,mg/kg)	NP	<15
	速效钾(K,mg/kg)	NK	<100
	有效锌(Zn,mg/kg)	NZn	<0.5
	有效硼(B,mg/kg)	NB	<0.5
耕地自然环境条件改良利用区(E)	灌溉保证(*i*,%)	Ei	灌溉保障率低于50
	盐渍化(*s*)	Es	盐渍化程度轻度以上
耕地土体整治改良利用区(P)	耕层质地(*t*)	Pt	砂土、砂壤、粗骨土
	土地构型(*c*)	Pc	土体中有障碍层次

（三）耕地改良利用分区方法

在GIS支持下，利用耕地地力评价单元图，根据耕地改良利用各主导因子分区标准在其相应的属性库中进行检索分析，确定各单元相应的耕地改良利用类型，通过图面编辑生成耕地改良利用分区图，并统计各类型面积比例。

三、耕地改良利用分区专题图的生成

（一）耕地土壤培肥改良利用分区图的生成

根据耕地土壤养分限制因素分区标准把东昌府区耕地有机质分为两类，即有机质改良利用区和有机质非改良利用区，有机质改良利用区以代号NO标注；有效磷改良利用区用代号NP标注，速效钾改良利用区用代号NK标注，有效锌改良利用区用符号NZn标注，有效硼改良利用区用代号NB表示。编辑生成耕地土壤培肥改良利用分区图（见图1）。

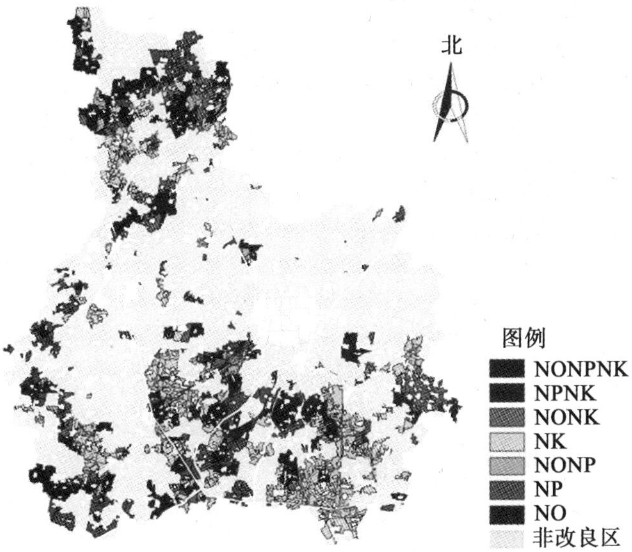

图1 耕地土壤培肥改良利用分区图

(二)耕地自然环境条件改良利用分区图的生成

根据耕地自然环境条件限制因素分区标准进行东昌府区耕地改良利用分区。灌溉保证条件分为灌溉保证条件改良利用区和灌溉保证条件非改良利用区,改良利用区用代号Ei标注;盐渍化程度分为盐渍化改良利用区和非改良利用区,盐渍化改良利用区以代号Es标注。结果见图2。

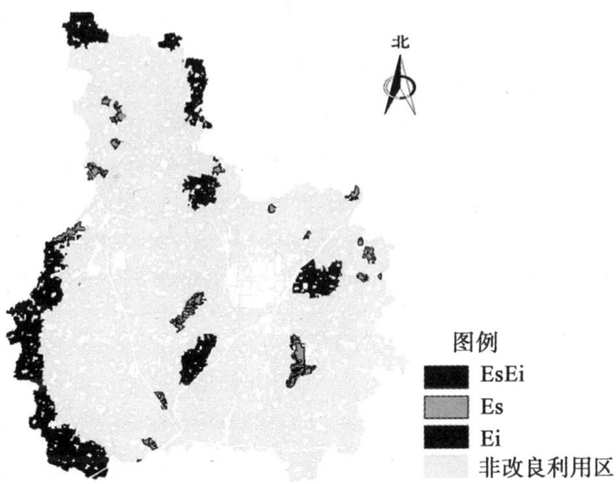

图2 耕地自然环境条件改良利用分区图

(三)耕地土体整治改良利用分区图的生成

根据耕地土地条件限制因素分区标准,耕地耕层质地条件改良利用区用符号Pt标注,耕地土体构型改良利用区用符号Pc标注。在GIS下检索生成耕地土体整治改良利用分区图(见图 3)。

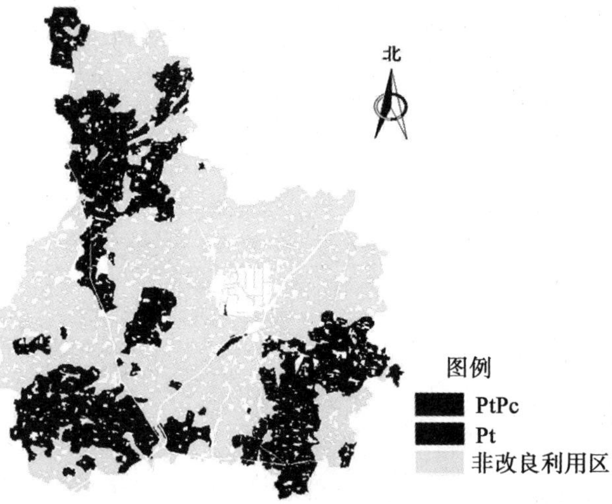

图 3　耕地土体整治改良利用分区图

四、耕地改良利用分区结果分析

(一)耕地土壤培肥改良利用分区面积统计及问题分析

东昌府区耕地土壤培肥改良利用区各改良利用类型面积及其比例如表 2 所示。

表 2　东昌府区耕地土壤培肥改良利用分区面积统计

改良利用分区	NONPNK	NPNK	NONK	NK	NONP	NP	NO	非改良区
面积(hm^2)	880.05	3200.62	2865.24	9293.84	907.89	5133.35	4711.75	49760.59
百分比(%)	1.15	4.17	3.73	12.11	1.18	6.69	6.14	64.83

由图 1 和表 2 可以看出,东昌府区土壤养分状况总体较好,土壤养分需要培肥改良的耕地占总耕地面积的 35.17%,多分布在北部和东南部地区,包括梁水镇、斗虎屯镇、侯营镇、许营乡、凤凰街道办事处,此外闫寺街道办事处、沙镇、道口铺街道办事处、郑家镇等也有分布。其中有机质、有效磷和速效钾含量都比较少的耕地面积为 880.05hm^2,占耕地总面积的 1.15%,缺少有效磷和速效钾的耕地面积为 3200.62hm^2,缺少有机质和速效钾的耕地面积为 2865.24hm^2,缺少有机质和有效磷的耕地面积为 907.89hm^2。单一缺少有机质、有效磷和速效钾的耕地面积分别为 4711.75hm^2、5133.35hm^2 和 9293.84hm^2。从各类型面积比例看出,东昌府区耕地土壤培肥改良的主要方向为增施钾肥和磷肥,同时应注重有机肥料的施用,逐步提高土壤有机质的含量。

(二)耕地自然环境条件改良利用分区面积统计及问题分析

东昌府区耕地自然环境条件改良利用区各改良利用类型面积及其比例如表 3 所示。

表3　东昌府区耕地自然环境条件改良利用分区面积统计

改良利用分区	EsEi	Es	Ei	非改良利用区
面积（hm^2）	71.59	1986.36	8458.84	66236.53
百分比（%）	0.09	2.59	11.02	86.30

由图2和表3可以看出，东昌府区耕地自然环境条件总体较好，耕地自然环境条件86.30%的面积不需改良，需要改良的面积仅占总面积的13.70%，主要分布在东昌府区的西南部边缘地区，此外东昌府区的北部和东部地区也有零星分布，包括郑家镇、沙镇、斗虎屯镇、梁水镇、侯营镇，此外，蒋官屯街道办事处、凤凰街道办事处也有零星分布。其中灌溉保证水平和盐渍化水平都需改良的耕地面积为71.59hm^2，占耕地总面积的0.09%，盐渍化水平需要治理的耕地面积为1986.36hm^2，占耕地总面积的2.59%，灌溉水平需要改善的耕地面积为8458.84hm^2，占耕地总面积的11.02%。可见，东昌府区耕地自然环境条件改良利用的主要方向为改善该区耕地灌溉条件，提高灌溉保障率；其次应防止土壤的次生盐渍化。

（三）耕地土体整治改良利用分区面积统计及问题分析

东昌府区耕地土体整治改良利用区各改良利用类型面积及其比例如表4所示。

表4　东昌府区耕地土体整治改良利用分区面积统计

改良利用分区	PtPc	Pt	非改良利用区
面积（hm^2）	7760.55	18515.46	50477.32
百分比（%）	10.11	24.12	65.77

由图3和表4可以看出，东昌府区耕地土体结构整体较好，土体条件好不需改良的非改良区面积为50477.32hm^2，占耕地总面积的65.77%。需要改良的面积占34.23%，主要分布在东昌府区北部、西南和东南部地区，此外东昌府区中部也有极少分布，包括斗虎屯镇、梁水镇、堂邑镇、沙镇、许营乡、于集镇、侯营镇等。其中耕层质地和土体构型情况都比较差的耕地面积为7760.55hm^2，占耕地总面积的10.11%，耕层质地比较差的耕地面积为18515.46hm^2，占耕地总面积的24.12%。采取秸秆还田、增施有机肥料、深耕等措施，改善偏沙的土壤表层质地及不良的土体结构，是东昌府区耕地土体整治改良的主要方向。

五、耕地改良利用对策及措施

（一）增加经济投入，加大耕地保护力度

农业是既要承担自然风险又有市场风险的弱质产业，保护农业是国民经济发展中面临的重大问题。由于调控体制不健全，受比较利益驱使，各层次资金投入重点向非农业倾斜，资金投入不足已成为农业生产发展的主要制约因素。要达到农业增产的目的就要增加耕地投入，加强中、低产田改造，不断提高耕地的质量，从而提高耕地利用的经济效益。东昌府区宜进一步加强对耕地改良利用的投入，通过对耕地的改良逐步消除制约耕地生产力的限制因素，培肥地力，改善农业生产条件和农田生态环境。

(二)平衡施肥,用养结合,增施有机肥料,培肥地力

长期以来,东昌府区在耕地开发利用上重利用、轻培肥、重化肥、轻有机肥,虽然全区化肥的施用量逐年增加,但有机肥投入量却逐年减少,且投入的化肥以氮、磷肥为主,引起土壤养分特别是有效钾含量的下降和矿质养分的失衡,导致耕地肥力下降。全区具有土壤养分含量限制性因素、需要培肥的耕地总面积为26992.74hm^2,占全区耕地总面积的35.17%。因此,要持续提高中、低产耕地的基础地力,为农作物生长创造高产基础,必须将用地与养地妥善结合起来,广辟有机肥源,重视有机肥的施用,提倡冬种绿肥和使用有机—无机复混肥。同时应利用中、低产耕地调查评价成果,科学指导化肥的调配,采用科学优化平衡施肥,重视合理增施钾肥及微肥,不断培肥地力,实现中、低产耕地资源的持续利用。

(三)加强水利建设,改善灌溉条件,注重盐碱地的改良

水是作物生长的必要条件,灌排条件与耕地的基础地力有着密切的关系。因而可以通过采取以下措施,实现自然降水的空间聚集,改善区域农田的土壤水分状况,推广节水灌溉技术,改善和扩大灌溉面积。

①健全灌溉工程,改善灌区输水、配水设备,加强灌溉作业管理,改进地面灌溉技术,采用增产、增值的节水灌溉方法和灌溉技术。应加强水利建设,修筑田埂,防止水土冲刷;安排好水利规划,修好水渠,制止渗漏,加强管理,提高引灌水的利用率。

②人工富集天然降水,建造大、中、小型蓄水池、塘等蓄水体系,将集纳雨水、拦截径流和蓄水有效结合起来,在作物需水的关键时期进行灌溉,解决作物的需求和降水错位的矛盾,以充分发挥水分的增产效果。

③改善土壤结构,增加土壤的蓄水能力。通过对土壤增施有机物料(如施用有机肥,秸秆还田等)和应用土壤改良剂,改良土壤结构,增强土壤结构的稳定性,提高土壤对降水的入渗速率和持水量。

(四)采用农业措施改良土壤质地、改善土体结构

东昌府区耕地土壤限制性因素主要为耕层土壤沙化,可以采用以肥改沙的方法,一方面增加土壤中养分含量,另一方面增加土壤中的有机胶体,对改良土壤沙化和提高土壤肥力有显著的效果。此外选择适宜性的作物种植,既能改善土壤性质又能获得较好的经济效益。因而因地制宜的发展当地名优产品,是适应自然,提高经济效益的有效措施。

(五)集约化利用耕地资源,发展生态型可持续农业,改善生态环境

良好的耕地生态环境质量是保证农作物持续稳产、高产、优质、高效的重要前提。根据东昌府区资源优势以及生态环境的特点,因地制宜地利用耕地资源,通过合理轮作、科学间套种等措施,增加复种指数,努力提高耕地资源的利用率。注重多物种、多层次、多时序、多级质能、多种产业的有机结合,农、林、牧、副、渔并举,建立生态型可持续农业系统,达到经济、生态和社会效益的高度统一。此外,应重新审视耕地承包到户政策所致的耕地经营权分散在新形势下出现的不利耕地资源规模集约经营的缺点,努力探讨建立“公司+农户”或各种专业化合作组织等耕地规模集约经营模式,提高全区耕地资源的集约经营和经济效益。

东昌府区种植业作物区划专题研究

一、绪言

东昌府区位于鲁西平原，地处东经 115°40′～116°01′、北纬 36°15′～36°43′之间，南北长 49.06km，东西宽 46.7km，总面积 $1254.61km^2$。东与茌平县、东阿县接壤，西与冠县、莘县为邻，北与临清市毗连，南与阳谷县接界，是山东省聊城市市政府所在地，鲁西政治、经济、文化的中心。

东昌府区历史悠久，早在远古时期这里就是东夷人活动的地界。商代为纣王庶兄微子启受封地，称为“微子国”。西周时为文王季弟受封之地，称为“郭国”。东周时为“齐之西鄙”，称为“聊国”。秦统一中国后，置聊城县。至元十三年为东昌府路治所。1936 年(民国 25 年)建第六区行政督察专员公署，统领鲁西各县，为其聊城治所。为纪念民族英雄范筑先将军为国殉职，1940 年 8 月聊城改筑先县，1949 年又恢复聊城县。1958 年改县为市，1962 年复改县，1983 年又恢复聊城市。1998 年撤地改为市，原聊城市改为东昌府区。

本区现辖 20 个乡(镇、办事处)，即古楼、柳园、新区、湖西、道口铺、闫寺、凤凰、北城、东城、蒋官屯 10 个办事处，侯营、沙镇、堂邑、梁水镇、斗虎屯、郑家、张炉集、于集 8 个建制镇，许营、朱老庄 2 个乡。1017 个村民委员会，1297 个自然村。全区总人口 1025614 人，非农业人口 589140 人，乡村社会劳动力资源数 39.05 万人。土地总面积 $1255238km^2$。耕地面积为 $80345hm^2$，占土地总面积的 64.00%，农业人口人均耕地 $1840.92m^2$，总人口人均耕地 $787.06m^2$。

东昌府区历史上以农业为主，种植业比较发达，是北方地区粮棉和蔬菜的重要产区。党的十一届三中全会以来，随着农村改革的深入、承包责任制的落实，农业生产得到了迅速的发展。到 2005 年年底农业机械动力达到 1499642kW，机耕面积 $90113.33hm^2$。农田有效灌溉面积 $69980hm^2$。粮食总产量 64460t，棉花总产量 5800t，瓜菜总产量 1269600t。农业总产值 28.75 亿元。农民人均纯收入 3298 元。因此，随着社会经济的发展，对于东昌府区种植业布局做一个科学合理规划的要求，越来越迫切。可以预见到，根据各乡镇(办事处)的不同特点，集中种植不同的作物，可以使作物的产量得到大幅度的提高，实现最大化的经济效益，从而推动种植业的规模化发展和进步，增加农民的收入，实现可观的经济效益和社会效益。

(一)目的意义

1. 种植业作物区域布局是新时期农业结构战略性调整的客观要求

近年来，我区农业结构调整取得了初步成效，但结构雷同问题还没有得到根本解决，优质高效农产品生产比较分散，区域化布局、专业化生产格局还未形成，产业单一、产品趋同，难以形成规模效益，在一定程度上制约了我区农业整体素质和效益的提高。因此，充分发挥我区农业资源和区域优势，大力推进种植业优势产品区域布局，进一步优化区域结构，加快优势农产品产业带、特色农产品主产区的形成和发展，把具有区域特色的资源优势转化为产品优势、产业优势和经济优势，是新时期农业结构战略性调整的客观要求，对促进我区农业整体素质的提高，增强综合竞争力，确保农村经济健康快速发展具有重要意义。

2. 推进种植业作物区域布局是创建农产品品牌、提高农产品竞争力的主要途径

在市场经济条件下，质量和品牌是农业生产和农产品营销的核心内容，是提高农产品竞争力的关键。我区农业资源丰富，区域特色明显，许多农产品具有比较优势和竞争潜力，并形成了一定的产业基础。但由于品牌创建工作力度不够，不少特色农产品未能形成品牌，导致我区农产品市场竞争力不强。因此，选择一批最具比较优势和地方特色的农产品进行区域布局，在优势产区集中生产，有利于实现资源和生产要素的最佳组合，生产名优产品，创建知名品牌，积极主动地参与市场竞争，形成较大的市场规模。

3. 推进种植业作物区域布局是实现农村发展、农业增效、农民增收的重要手段

我区农业生产力整体水平相对较低，综合效益不高，农民增收缓慢，这是当前农业和农村经济中的突出问题。为此，要推进优势产区布局，加快特色产业发展，对资源的有效配置和各种生产要素进行整合，实现土地、技术、资本和劳动力的优化组合，促进优势农产品向适宜地区集约化生产，培植一批各具区域特色的主导产品，形成一批产业链较为完整的支柱产业，带动保鲜、储藏、运输、加工、营销等相关产业的发展，开辟就业门路，拓宽增收渠道，推动农村经济快速发展和农民收入稳步增长。

4. 推进种植业作物区域布局是加快农业现代化建设的必然选择

区域化布局、专业生产和产业化经营是现代农业的发展趋势，也是实现农业现代化的重要标志之一。对种植业优势产品进行区域布局，通过集中投入和重点扶持，加大农业基础设施建设，优化资源配置，综合运用现代农业科技成果、现代农业生产手段和现代农业经营方式，形成生产专业化、经营产业化、流通市场化的发展格局，有利于促进优势产区率先实现农业现代化，加快全区农业现代化的进程。

(二)研究思路

基本思路可概括为“一个中心，两个对象，三个基本点”，即以农业资源为中心，明确工作对象和服务对象，抓好农业资源调查与监测，强化农业资源综合管理，促进农业资源持续高效利用。“种植业区划(规划)”工作对象，应该是大种植业的区划(规划)而不只是某种种植业作物的区划(规划)，不仅是调查、区划，还有规划，更要有农业资源的可持续利用和综合管理。“种植业区划”的服务对象，不仅要为上级、部门领导决策服务，还要为基层干部服务，更要为广大农民、农业专业大户、农业企业服务，才有生命力。为基层服务有网上信息、各类区划、各种规划服务。三个基本点中，调查监测是基础，技术创新和(技术性)综合管理是手段，持续高效利用是目的。

1. 以区域农业资源为中心

安排部署种植业区划工作要以资源为出发点，总结评价区划工作以资源为试金石。

凡有利于弄清资源家底，有利于强化资源管理，有利于提高资源利用效率的工作就应努力开展。要认真处理好资源与区划的关系。农业资源调查、各类种植业区划只是种植业规划的前期工作。区划只是实现资源合理利用的一个过程和手段，仅是资源工作的一个方面，区划应服务于资源工作。

2. 抓好农业资源调查监测与优势农产品区域布局

农业资源调查与监测是种植业区划的根本和进一步发展的基础，也是国家赋予资源区划部门的重要职能。通过调查与监测掌握农业资源的数量、质量、分布和变化动态，建立农业资源数据库和地理信息服务体系，建立健全农业资源状况报告制度，为建设优势农产品区域规划、合理布局提供技术支撑。

3. 强化农业资源综合管理

农业资源综合管理是资源区划部门的核心职能，也是开拓资源区划事业新局面的关键。现在国家花费大量人力物力实施的"退耕还林""退牧还草"等生态建设措施是我国实施可持续发展战略的重大举措，区划部门应大有作为。当务之急是以法律确定农业规划与资源综合管理的原则、内容、方法和机构。通过"依法规划、优化配置"而非空洞的"综合协调、综合管理"手段，来落实和强化农业资源管理职能，引导农业产业结构的合理调整，优化配置农业资源。

4. 促进农业资源持续高效利用

该项工作既是种植业区划工作的主要目的，也是实现种植业区划社会价值的重要途径。试验示范、咨询服务、指导推动是实施该项工作的基本方法。

（三）种植业区划的内涵及其任务

1. 种植业区划的内涵

定义种植业区划首先应明白农业区划的含义，农业区划主要是根据各地区的自然条件和社会经济条件的相似性与差异性，按照农业布局的原则，把区域中的土地，划分为若干在生产结构上各具特点的农业经济区。农业区划是不同类型农业结构在空间的表现，是用地图划区表明的改进农业布局的设计，是为改进和实现合理农业布局、确定不同地区农业发展的长远方针提供依据的一项基础工作。

因此，种植业区划是以种植业为对象进行的单项农业区划，属农业部门区划。

2. 种植业区划的任务

其任务是根据作物的生态要求和地区生态环境条件，因地制宜地划分种植业适宜种植区。种植业包括种植粮食作物、经济作物、饲料作物等。每一种作物有其生态环境条件要求。如按热量条件中的活动积温，玉米、谷子、高粱等中温作物要求 2000℃～3000℃，棉花、水稻、花生等喜温作物要求 3200℃～4500℃，亚热带、热带作物要求 6000℃～8000℃。

种植业区划内容主要包括：种植业的自然、经济条件评价；生产现状、作物构成、耕作制度、生产水平及增产潜力；地理分布特点、地区差异及区域发展方向与措施。种植业区划还包括各种农作物区划，如小麦区划、水稻区划、棉花区划等。划分种植业区，主要依据种植业生产条件、作物结构、种植制度、发展方向与增产途径。中国种植业区划共分为一级区和二级区。一级区主要以主导作物为标志，二级区主要以农作物生产特点为标志。

种植业区划可为种植业的发展和布局提供科学依据。从东昌府区实际情况来看，种植业分区也是基本符合中国种植业区划的分类。

二、种植业作物生产的现状分析

（一）自然资源现状分析

1. 地形、地貌和土壤

东昌府区地处黄泛平原，海拔31～38m，地形自西南向东北倾斜，坡降为1/5500。由于历史上黄河多次决口、改道和泥沙淤积，形成了高、坡、洼相间的微地貌。

土壤分为潮土、盐土2个土类。潮土因受地形、地下水位、水质出流情况的影响，又分为褐土化潮土、潮土、盐化潮土和碱化潮土4个亚类。盐土只有潮盐土1个亚类。褐土化潮土38.32万亩，占全区总面积的20.8%；潮土100.24万亩，占54.3%；盐化潮土41.87万亩，占22.7%；碱化潮土仅0.08万亩；潮盐土4.10万亩，占2.2%。

上述各土类分布较为复杂，但由于黄河及其他河流的影响，对沉淀物进行了一系列分选，仍呈现高沙、洼淤、坡两合的规律性分布。

东昌府区土壤按表层质地分，有沙质土64.73万亩，约占全区土地总面积的35.1%；壤质土104.45万亩，约占56.6%；黏质土15.44万亩，约占8.3%。

(1)高地：以河滩高地为主，分布在沙镇、郑家、张炉集、堂邑、道口铺5个建制镇到闫寺街道办事处西北部一线及许营乡、于集镇东南部，面积310km^2，占全区面积的25.2%，海拔35～38m，潜水一般为3～5m，水质较好，基本无涝灾和盐化威胁。土类为褐土化潮土，质地多为砂壤土，水、肥、气、热协调，适宜多种作物生长，粮食产量较高，是本区的高产区。

(2)坡地(缓平坡地)：面积609.6km^2，占全区面积的49.5%，此种地形高低差异甚微，坡降一般为1/5000至1/7000，海拔32～34m，潜水位2～3m，土类为潮土和盐化潮土，质地多为壤土。个别地段十分平缓，排水不畅，盐化威胁较大，有盐斑。

(3)洼地：分为河间浅平洼地和背河槽状洼地。河间浅平洼地170.1km^2，占全区面积的13.8%，主要分布在大张的牛加洼、于集的谭家洼和城区以北的白家洼。此种地貌地势低洼，海拔31～32m，土壤质地黏重，排水不畅，易受湿涝。因低水位高，边缘极易形成盐化土壤。背河槽状洼地69km^2，占全区面积的5.6%，主要分布在马颊河沿岸。因河水外渗，地下水位较高，易积涝成灾。由于水质差，盐分重，土类多为潮盐土。

东昌府区耕地面积为80345hm^2，占土地面积的64.00%，全区地势平坦，适宜于机械作业，土类较多，沙、壤、黏均有分布，故可因地制宜种植多种作物。

2. 气候条件

(1)光能资源：东昌府区年平均日照约为2641.9h，总辐射量约5198.6kJ/cm^2，气温大于10℃期间总辐射量357.8kJ/cm^2，与我国主要农业区相比，光能资源比较丰富。据估算，小麦亩产250kg籽粒或棉花亩产50kg皮棉时，光能利用率只有0.27%，如果把光能利用率提高1%，则可亩产小麦936kg或皮棉182kg，故本区光能的生产潜力是巨大的。

本区光能分布的特点是：年际分布比较均匀，年内变化较大。春夏光照充足，辐射较强，平均每天日照在8h以上，日辐射量在1782.8J/cm^2以上。5月平均每天日照接近9h，日辐射量在 2033.9J/cm^2。对小麦灌浆成熟十分有利。6 月平均每天日照 9.2h，日辐射量 2105.1J/cm^2，达到全年最高峰，此时夏播作物正处在苗期，不能合理利用光能资源。秋季日照缩短，辐射减弱，9 月平均每天日照 7.5h，日辐射量 1523.3J/cm^2，对棉花裂铃吐絮和晚秋粮食作物的灌浆成熟有一定影响。

(2)热量资源：本区年平均气温 13.2℃，最冷月 1 月平均气温 −2.6℃，极端最低气温 −20.7℃，最热月 7 月平均气温 26.8℃，极端最高气温 41.1℃，全年无霜期 201 天，属暖温带季风气候。本区热量条件可以满足早、中熟品种一年两熟的热量要求。多数年份不能满足晚熟品种一年两熟的热量要求。日平均气温大于 20℃ 持续 117 天，全年积温 2969℃，年相对变数 8.9%，夏凉年四年一遇，对喜温作物生长有一定影响。

春季回暖迅速，秋季降温快，夏季炎热，冬季寒冷，冬夏持续时间长，春秋季节短，是本区年内热量分布的特点。在农事安排上，宜根据这一特点，不失时机地抢收抢种，及时管理。

(3)大气降水：本区 1957 年以来年平均降水量约为 583.8mm，年干燥度约为 1.85，3～11 月干燥度 1.71，属大陆性半干燥地区。大于等于 0℃ 作物生长期降水 569.5mm，大于等于 10℃ 作物积极生长期降水 526.2mm，总降水量基本能够满足秋作物主要生长季的需要。但降水季节分配极不均匀，4～6 月平均降水量 44.4mm，蒸发量 303.5mm，水分严重亏缺。7 月、8 月平均降水量 158.5mm，秋季平均月降水量迅速降至 33.5mm，冬季平均月降水量仅有 6.3mm，小麦全生育期降水量 158.7mm，仅能满足需水量的三分之一，降水严重不足，是影响小麦高产的主要气候因素。

(4)气象灾害：本区气象灾害有旱涝、干热风、低温连阴雨、暴雨、冰雹、大风等，均对农业生产造成不同程度的危害，其中以旱涝对农业生产的影响最大。由于降水的年际变率较大(22%)，季节分配不均，造成旱涝频繁发生。其发生规律是：春冬旱，夏秋涝，晚秋又旱，冬季少雪，4～6 月降雨稀少，变率大，发生春旱的概率约三年两遇，影响春播作物的适时播种和正常生长。小麦拔节至抽穗期降水量仅占需水量的六分之一至五分之一，如不适时灌溉就会造成严重减产。7 月、8 月雨量充沛，但由于降水集中，强度大，变率大，时有旱、涝发生。入秋降水迅速减少，发生干旱的机会增多，约三年一遇。秋旱影响秋作物的正常成熟和小麦的适时播种。冬季降水稀少，影响小麦安全越冬，加重了春季旱情，故干旱是本区的主要气象灾害。

影响小麦后期生长的干热风几乎年年发生，年平均干热风日数约十天。春季棉花播种期低温连阴雨发生频率约两年一遇，夏末秋初影响秋作物后期生长的低温连阴雨发生频率约三年两遇。其他气象灾害也对农业生产造成不同程度的危害。

(5)水资源：东昌府区水资源主要包括地下水、地表径流水和黄河水。

地下水：地下水的来源有大气降水、灌溉回归水和渠系渗透水。本区地下水资源主要是浅层地下水，平水年可开采量 1.65×10^8 m^3；中层地下水是咸水，不宜农田灌溉；深层地下水开采困难，补给更困难，不宜开采利用。

地表径流水：包括当地地表径流水和过境径流水。由于本区地势平坦、坡度小，产生径流少，多年平均当地地表径流水仅有 5.4×10^7 m^3；过境径流水主要是徒骇河、马颊河入境水量，多年平均 1.82×10^8 m^3。但目前拦蓄能力仅有 1.5×10^7 m^3，其余皆因缺乏拦蓄工程而不能利用。

黄河水：本区属位山灌区，位于引黄干渠上游，引黄条件比较优越。

（二）种植作物概述

1. 小麦

小麦生产在我区粮食生产乃至整个农业生产中占有重要位置，常年播种面积 57575.44hm^2，年产量 332345t，居粮食作物之冠。清康熙四十九年（1710 年）编纂的《堂邑县志》把小麦列十五种谷物之首。小麦为我区人民所喜食，又是重要的商品粮。1949 年播种面积 56695hm^2，占粮食作物播种面积的 38.5％，单产 39.5kg，总产 33670t，占粮食总产的 37.3％，农业人均占有小麦 89.5kg。近年来，小麦播种面积仍然稳定在 56695hm^2 左右，可见小麦种植在粮食种植中的地位。我区有 60 余种小麦品种，是品种资源最丰富的一种作物。种植小麦能充分利用冬春季节的气候、土地资源，且具有品种、技术上的优势和传统的种植习惯。冬前积温不足对小麦增产有明显影响，勿错过适宜播种期。小麦全生育期约需降水 500mm，此期间自然降水仅有 158.7mm，尚缺 341.3mm。小麦是我区缺水最多的作物，底墒对小麦增产有重要作用，民谚："伏天有雨好种麦""麦收八、十、三场雨"，在一定程度上反映了小麦的需水规律。返青至拔节期灌水对小麦增产有重要作用。小麦生长发育需要较多的氮、磷营养，我区土壤中大量元素失衡，限制了小麦产量的提高。针对影响小麦高产的某些因素采取相应的措施是必要的。首先要进行合理的区域布局，把小麦相对集中在土壤肥沃，水源较丰富的区域。

2. 玉米

玉米在我区种植约有三百年，近百年来种植面积逐渐扩大，目前全区各乡镇皆有大面积种植，常年播种面积 45669.49hm^2，约占粮田的 33.31％，总产 303450t。玉米在秋粮中占首位，占秋粮总产的 97.39％。我区以夏玉米为主，历年平均春玉米仅占 10％，现仅见于制种田。七十年代以来逐步推广麦田套种，现已普及全区。麦田套种对玉米增产起了重要作用，随着土地肥沃程度和机械化水平的提高以及早熟品种的选育，夏直播将会逐步发展。玉米是喜温作物，我区热量条件能满足玉米的需要，但小麦玉米一年两熟晚熟品种则略感不足，需要套种。自然降水有三分之二的年份能满足玉米的需要，但由于降水的年际变率较大，季节分配不均，常有旱涝发生，既需要灌溉，也需要排水。玉米是耗氧作物，它的生长发育需要土层深厚，疏松透气、灌排条件好、保肥保水、营养丰富的肥沃土壤，干旱、瘠薄是影响玉米高产的主要限制因素。

3. 棉花

在东昌府区的种植业中，棉花生产占优势。棉花是喜温喜光作物，全生育期需要大于等于 10℃积温 3600℃～4000℃，本区一直以来都在 4000℃以上；全生育期需要光照 1540h，实际光照 1548h，可以满足棉花生育的需要。排水良好的轻壤土和砂壤土适宜棉花生长。全区轻壤土和砂壤土占土地面积的 70％，且土层深厚，利于棉根下扎，棉花抗旱耐碱，与小麦、玉米相比，能够较好地抗御干旱和适应碱地种植。自然条件适宜棉花生长是本区棉花生产发达的主要原因。

本区植棉历史悠久，明朝就有"棉花六府皆有之，东昌尤多"的记载，西北部垢堌一带，素有"棉花窝"之称。建国后，棉花生产有了新的发展。2005 年植棉 6389.86hm^2，总产为

5840t。由于东昌府区具有发展棉花生产的有利条件，因而棉花生产在种植业中占显著地位，列为山东省和全国的棉花重点生产基地县。

4. 其他作物

在我区除了上述几种作物外，还种植了许多蔬菜，比如油菜、菠菜、大蒜、西葫芦和番茄等。在进行种植业作物区域布局时，要充分地考虑到这些作物的自然生长条件和当地的社会经济条件，科学合理地对作物进行优化布局，以促进我区种植业的规模化生产和可持续发展。

（三）种植业作物生产存在的主要问题

1. 粮食生产水平低，限制了经济作物和其他作物的发展

在农作物生产中，粮食作物、经济作物、其他作物的生产是相互关联的。经济作物和其他作物的种植比例取决于粮食作物的生产水平。随着粮食占有水平提高，经济作物种植比例有逐渐扩大的趋势。新中国成立以来的粮经比例基本是合理的，但是近年来确实存在以粮挤棉的现象，经过调整已趋向合理。经济作物发展缓慢的原因在于生产水平的限制，经济作物生产水平不高又是多方面的原因造成的，而不在于抓粮食。粮食生产是种植业的基础，必须继续抓紧，随着粮食生产水平的不断提高，随时调整粮食作物和经济作物以及其他作物的比例关系，使之经常保持动态平衡，积极扩大经济作物和其他作物的生产，促进农作物生产的全面发展。

2. 粮食作物内部结构不尽合理

东昌府区作物有小麦、玉米、谷子、高粱以及其他杂粮，这些作物单产与全省相比，占优势的只有谷子。新中国成立以来，本区粮食作物内部结构发生了显著变化。由于单纯追求产量而不注意营养价值，具有特殊营养作用的大豆、富含多种维生素的谷子以及调剂人民生活的小杂粮一再被压缩，造成了产量上升，营养下降的不合理状况。小麦、玉米面积的扩大加重了肥水消耗，而抗旱耐瘠的谷子、耐湿养地的大豆、抗涝耐碱的高粱一再被压缩，扩大了作物与土壤、作物与降水之间的矛盾，造成土地用养失调。由于作物需水量的增加而又不能合理地利用自然降水，尽管有效灌溉面积已达80%以上，多数年份仍然遭受旱灾威胁。

3. 粮食作物复种指数偏高，重茬面积过大

新中国成立初期，粮田复种指数为164.8%，以两年三作为主，占63.2%，一年两作次之，占33.2%，一年一作占3.6%，这样有利于抗旱避涝和土地的用养结合，易于轮作调茬。后来由于扩种高产作物和不适当地改革耕作制度，复种指数大幅度提高，一年二作面积上升到90%以上，两年三作面积下降到10%以下，90%以上的粮田种植小麦，75%以上的麦田种玉米，70%的粮田为小麦、玉米连作，肥水消耗过大，土地用养失调。水资源不足，排灌工程不配套，难以摆脱干旱威胁。

我区农民植棉有利用“老花地”的习惯，近年来冬闲地不断减少，棉田逐渐扩大，很难实行粮棉轮作换茬，致使棉花多年重茬，土壤养分片面消耗，造成早衰，病虫危害逐年加重。为减轻病虫害和对土壤养分的片面消耗，需要把目前棉花的大面积连片种植和长年连作改为粮、棉、油等作物交叉种植和合理轮作换茬，以促进棉田生态系统平衡。

三、基于指标体系的种植业作物布局区划

(一)指标的选取

1. 指标体系的构建

指标选择的标准:首先,要选择具有代表性的关键指标,即所选指标能够代表现阶段东昌府区种植业的基本功能;其次,对农业、农村和农民重要;再次,指标应具有系统性,即指标设置要尽可能全面反映东昌府区种植业的现有功能,防止片面性,各指标之间要相互联系、相互配合且相互独立、各有侧重,形成有机整体,从不同角度反映一个区域农业发展的实际状况;最后,指标应该具有可操作性和可预测性,易于获得。

2. 指标体系

经过查阅文献、咨询专家和研究,根据种植业功能影响因素、分区原则,结合数据来源,初步设置 2 个指标组,共 7 个指标。

(1)种植业属性指标组包括种植业收入、作物播种面积以及作物单产 3 个指标。这 3 个指标可以从一定程度上表现出种植业的社会经济条件,为种植业作物布局优化指明了方向。

(2)土壤养分组包括 pH、有机质、有效磷和速效钾 4 个指标。这 4 个指标可以从根本上反映东昌府区各乡镇土壤养分状况,也为种植业作物布局提供了自然资源依据。

选取的指标数据整理如表 1 所示。

表 1 种植作物选取指标数据表

乡镇	作物播种面积(667 万 m^2)	作物单产($kg/667m^2$)	土壤 pH	有机质(%)	有效磷(mg/kg)	速效钾(mg/kg)	种植业收入(万元)
堂邑	9.38	349.00	8.20	1.39	25.50	130.80	10990.00
古楼	0.10	442.00	8.13	1.34	16.20	117.80	35.00
道口铺	9.17	363.00	8.20	1.43	24.00	133.10	11354.00
许营	9.72	418.00	8.20	1.24	31.30	109.70	11336.00
北城	7.98	434.00	8.10	1.46	23.70	159.00	9831.00
柳园	0.91	421.00	8.20	1.39	25.30	103.70	4200.00
梁水镇	27.94	400.00	8.10	1.27	23.10	111.60	17875.00
朱老庄	12.01	387.00	8.20	1.37	17.90	107.90	7540.00
湖西	5.36	445.00	8.13	1.34	16.20	117.80	17145.00
郑家	11.84	344.00	8.20	1.33	17.00	116.60	13089.00
斗虎屯	14.48	384.00	8.20	1.27	18.90	116.30	8493.00
凤凰办	9.11	412.00	8.20	1.37	18.40	94.36	12083.00
新城	1.69	400.00	8.10	1.46	23.70	159.00	4600.00

续表

乡镇	作物播种面积（667 万 m^2）	作物单产（kg/667m^2）	土壤 pH	有机质（%）	有效磷（mg/kg）	速效钾（mg/kg）	种植业收入（万元）
于集	11.20	320.00	8.20	1.39	25.30	103.70	11080.00
侯营	12.86	419.00	8.10	1.36	18.30	98.14	12000.00
沙镇	26.65	432.00	8.20	1.27	24.90	121.30	24710.00
张炉集	9.12	456.00	8.10	1.50	27.90	143.20	11827.00
闫寺	1.16	423.00	8.20	1.41	28.90	155.40	8349.00

（二）指标聚类

聚类方法的具体原理是：

①在定性研究的基础上，将样本粗分为 K 类，并计算每一粗分类的聚类中心。

②计算各样本到聚类中心的距离，根据用欧氏距离构造的判别函数，逐个将所有样本点归入与其距离最近的聚类中心。

③计算新一轮的每一类聚类中心，如果新的聚类中心与上一次的聚类中心重合，则聚类完成，否则回到第二步。

（三）聚类结果与分析

运用数据处理软件 Spss12.0 将各指标数据带入软件中进行聚类分析，经过聚类得到结果如图 1 所示。

Cluster Membership

Case	4 Clusters	3 Clusters
堂邑	1	1
古楼	2	2
道口铺	1	1
许营	1	1
北城	1	1
柳园	2	2
梁水镇	3	1
朱老庄	1	1
湖西	3	1
郑家	1	1
斗虎屯	1	1
凤凰	1	1
新城	2	2
于集	1	1
侯营	1	1
沙镇	4	3
张炉集	1	1
闫寺	1	1

图 1　东昌府区种植业作物聚类分类图

从图 1 可以看到，基于种植作物布局的相似性，当将东昌府区各乡镇(办事处)分为 4 类时，沙镇自成一类；梁水镇和湖西归为一类；古楼、柳园和新区分在一起；剩下的乡镇(办事处)为一类。当将各乡镇(办事处)分为 3 类时，沙镇仍然自成一类；古楼、柳园和新区为一类；其余乡镇(办事处)归为一类。

从图 2 可以看出，新区和柳园在第一步聚类时就已分在一起，因此二者相似性较高；与新区和柳园情况相同的还有梁水镇和湖西；斗虎屯、朱老庄、闫寺和北城；道口铺、许营、堂邑、于集、凤凰、侯营、张炉集和郑家。

******HIERARCHICALCLUSTER ANALYSIS******

Dendrogram using Average Linkage (between Groups)

Rescaled Distance Cluster Combine

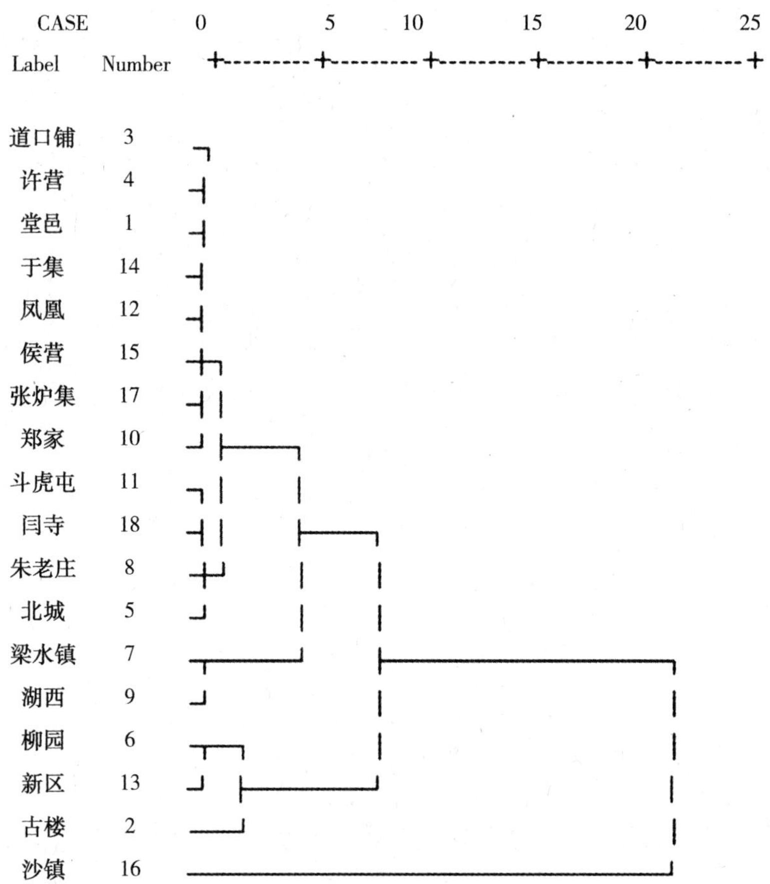

图 2　东昌府区种植业作物聚类树形图

当然运用 Spss 软件选用一定指标进行分析有很大的局限性，运用这种方法只是根据选定的指标进行一定的运算之后反馈出来的信息，因此指标的选定是否全面和合理就比较关键了。但由于现实条件的局限，选取的指标还达不到全面反映研究区域的要求，再加上运用此种方法，本来就有理论化和理想化的特点，所以运用此法形成的结果只供种植作物布局时参考。

四、种植业作物区域布局的指导思想、基本原则和发展目标

（一）布局的指导思想

从国家层面来讲，为了适应入世和中国—东盟自由贸易区建立新形势，应围绕农业进行结构战略性调整，以提高农业综合竞争力和实现农民增收为目标，以有效配置各种生产要素为手段，适应市场需求，发挥资源优势，突出比较优势，依靠科技进步，坚持优质高效，强化质量安全。搞好宏观调控，采取优惠政策，重点培植和发展全区种植业优势产品和地方特色产品。做强做大一批具有国内外竞争力的农产品产业带和主产区，实现农业和农村经济可持续发展。

（二）布局的原则和依据

1. 坚持市场导向原则

立足区内市场，面向国内市场，开拓国际市场，着眼现实消费，挖掘潜在需求，培植和发展具有广阔市场前景的优势农产品。

2. 坚持比较优势原则

因地制宜，扬长避短，以最优的资源配置和最佳的生产要素组合，优先发展最适宜产区和具有竞争力的产品，形成不同区域的规模优势，实现效益的最大化。

3. 坚持质量优先原则

根据市场多样性需求，优化品种品质结构，全面提高优势农产品内在品质，打造名牌产品，坚持整体开发，构建优势产业群体，提高综合效益。

4. 坚持可持续发展原则

完善优势产区基础设施建设，搞好生态环境综合治理，推行标准化生产，大力发展生态农业和有机农业，实现可持续发展。

5. 坚持尊重农民意愿原则

充分尊重和保障农民的市场主体地位和生产经营自主权，发挥政府宏观调控作用，加强服务，调动企业和农民的积极性，实现优势农产品整体有序开发。

（三）布局的发展目标

规划期内优先发展全区种植业优势产品（比如棉花生产）和重点培植地方特色产品（比如西瓜），形成各具比较优势的产业带和区域特征显著的主产区，建成一批生产基地，实现规模化生产、标准化管理、产业化经营，达到产品优质率高、商品率高、品牌知名度高、市场占有率高的要求，提升农业的整体素质和综合效益，增强农产品市场竞争力，构建具有现代农业框架的产业体系。

五、种植业作物区域布局的规划方案

根据选取一定的指标聚类分析后的结果以及东昌府区的实际情况和种植习惯，本研究将东昌府区种植作物布局为4个种植区域，即棉花和粮食作物区、蔬菜和粮食作物区、粮食作物区和蔬菜种植区。每个区域具体区划如下：

（一）粮棉作物种植区

本区位于东昌府区的东部，即许营乡的辖区以及东部边缘地区（见附图）。现有耕地4502.25hm^2，占全区耕地面积的5.6%，总人口35332人，人均耕地1273.97m^2。本区适宜种植棉花、谷子、小麦、玉米，局部洼地可种植大豆，东部可种植红薯和花生，在中部地区还有种植西瓜的习惯。发展方向：在粮食基本自给的基础上重点发展棉花生产，稳定棉田面积，提高单产；合理灌溉，防止次生盐碱，扩种豆科作物和绿肥，增施有机肥料，培肥地力，降低粮田复种指数，重视杂粮生产。

（二）蔬菜和粮食作物种植区

本区位于东昌府区的西部以及西南部，即包括了沙镇、侯营的西部部分地区，张炉集的大部分地区、道口铺北部部分地区、闫寺以及梁水镇的部分地区（见附图）。本区面积广大，人口众多，适宜种植各类蔬菜比如西葫芦、茄子、芸豆、辣椒、白菜等，还可换茬轮种小麦、玉米等粮食作物，而且局部地区还设置了蔬菜大棚。发展方向：以满足人民食用为主，走资金集约、技术集约和劳动力集约相结合的道路。粮食自给或基本自给，适当压缩粮田面积，扩大蔬菜种植面积。加强农业环境保护。

（三）蔬菜作物种植区

本区位于东昌府区的西部以及西南部和西北部的局部地区，即包括了于集镇的南部边缘地区、沙镇的部分地区、堂邑的赵子营等、道口铺与闫寺交界处的局部地区、梁水镇东北部局部地区和北城西部地区（见附图）。本区涉及多个乡镇（街道办事处），可谓涉及面广阔，但是总面积不是很大，每个区域种植的蔬菜种类繁多，但也在局部地区换茬轮作粮食作物。发展方向：进一步巩固蔬菜种植在本区的主导地位，走资金集约、技术集约和劳动力集约相结合的道路，逐步提高蔬菜产量和质量，增施有机肥料，培肥土壤。以下就以蔬菜种植种类为依据具体对各个区域加以说明：

1. 油菜、菠菜种植区

本区位于于集镇的南部边缘地区，即包括裴寨、魏庄等11个村庄。主要种植油菜和菠菜，也间种小麦和玉米等粮食作物。

2. 大蒜种植区

本区位于沙镇的南部地区、堂邑东北部和道口铺与闫寺交界处部分地区。即包含20个村庄。本区主要种植大蒜，同时也间种一些粮食作物，面积也不小，但是本区总的来讲是以种植蔬菜为主的。

3. 冬暖大棚分布区

本区位于沙镇大常庄和梁水镇的东北部的崔刘庄、土闸等村庄，主要分布冬暖棚，棚内种植的有黄瓜、西葫芦、豆角等蔬菜。在沙镇的大常庄小拱棚，种植茄子、大蒜等蔬菜。本区粮食作物面积也不少，主要特色是冬暖棚的分布。

4. 大小拱棚分布区

本区位于沙镇西部、梁水镇的东南部、北城的西部，即包含有刘庄、北周庄和许庄等近30个村庄。大拱棚内主要种植西葫芦和番茄，小拱棚内主要种植茄子，有时候茄子还换茬轮作玉米。还有春天种植黄瓜，秋天种植小麦的种植模式。另外还有秋天种植黄瓜的模式。

5. 露地蔬菜种植区

本区包括沙镇的局部地区，即庞家庄等近20个村庄。主要种植洋葱、香菜、大葱、白菜和番茄等蔬菜。品种繁多，特色不是很明显，但是在本区仍然间种粮食作物，面积也不小。但是为了不改变农民种植习惯以及结合当地土壤状况，建议仍然以蔬菜种植为主。

（四）粮食作物种植区

本区分布比较广泛，涉及面积也比较大（见附图），几乎所有的土地都在种植粮食作物。主要种植的作物有大豆、小麦、玉米、谷子等，也种植高粱等。新中国成立前后曾大面积种植高粱大豆，有“高粱黑豆，十年九收”之说，现在高粱已被玉米取代，大豆种植比例还是比较高的。该区一般无植棉习惯。发展方向：以粮食生产为主，适当压缩玉米面积，增加大豆面积。降低复种指数，扩大两年三作面积。扩种绿肥，发展养殖业，广开肥源，增施有机肥料，培肥地力，逐步建成以小麦、大豆为主的粮食高产稳产区。充分利用低洼地，因地制宜种植水生作物或湿生作物。

六、推进种植业作物布局的措施和政策建议

推进种植业作物区域布局是一项综合性强、涉及面广的系统工程，需要各方面共同努力，采取一系列切实可行、保障有力的技术和政策措施。

（一）继续推进种子工程建设，加快品种更新换代步伐

积极引进、培育和推广优良品种是加快种植业作物发展的基础。要把种子作为推进种植业作物区域布局的先导产业来抓，种子工程项目要向优势产区倾斜，建立健全种植业作物良种繁育体系，加快优良品种引进试验示范基地和种子繁育基地建设，积极采用生物工程育种新技术和种子种苗快速繁殖及工厂化育苗技术，满足优势产区对早晚熟优质品种、优质专用品种、无病毒苗木、无性系苗木、抗性品种和拥有自主产权菌种的不同需求。按照生产规范化、产品标准化的要求，在优势产区实行统一供种，实施种子补贴，提高优良品种的集约化应用水平。

（二）全面实行标准化生产和管理，努力创建种植业作物产品品牌

实行标准化生产和管理是提高种植业作物产品质量安全水平的必然选择。执行国家标准，加快制定、修订与国际和全国接轨的优势农产品地方标准。建设种植业作物产品标准化生产示范基地和标准化综合示范区，积极引导农业企业、农民合作经济组织和农户按标准化要求组织生产，大力发展生态农业和有机农业，把标准化生产示范基地和标准化综合示范区建设成为种植业优势产品的商品化生产基地、龙头企业的原料基地。加快建立农产品质量安全监测体系，重点抓好农产品质量安全检测中心和优势产区检测站的建设。完善检测基础设施，提高检测手段和技术水平，推行市场准入制度和质量安全追溯制度，全面提高作物农产品质量安全水平。搞好产品商标注册和品牌认证工作，创建一批具有

较高知名度的优势农产品品牌。

（三）积极推动农业科技进步，为推进种植业作物区域布局提供技术支撑

农业科技进步是促进农产品发展的决定因素。以农产品生产、采后商品化处理、加工、保鲜等环节的关键技术为主攻方向，组织力量进行技术攻关。加强成熟技术的集成，重点推广农产品优质高效规范化生产技术、农业专家系统等高新信息技术、资源高效利用技术、农业投入品污染控制技术、植物重大病虫害综合防治技术、先进实用农业机械化及农业设施技术、农产品加工处理技术，提高优势农产品的科技含量。优势产区各级农技推广机构要积极开展重大和关键技术的引进、试验、示范、推广，支持科研单位、大专院校、各种专业合作组织和龙头企业以各种形式开展作物农产品开发技术推广服务，培育多元化的农技推广服务组织。发挥现代农业示范园区和农业科技示范场的科技引导和辐射带动作用，不断扩大示范范围和规模。进一步完善农民技术培训教育体系，广泛开展多种形式的农民科技培训，提高农业劳动者素质。

（四）努力推进农业产业化经营

农业产业化经营是推进种植业作物区域布局的重要带动力量。培育和发展一批规模大、起点高、带动能力强的龙头农业企业。龙头企业的布局要与推进种植业作物区域布局相结合，不断创新和完善企业与农户利益联结机制，使作物产区农民从产业化经营中得到更多实惠。进一步贯彻落实中央和省制定的一系列支持龙头农业企业发展的政策措施，对作物产区的企业在财政投入、融资担保、贷款贴息、税收优惠、建设用地、新产品开发等方面给予大力支持。

（五）大力发展农产品加工，延长产业链

大力发展农产品加工，延长产业链，这是推进种植业作物区域布局的关键环节。为适应新阶段我区农业生产力水平要求，要积极发展多种所有制的加工企业，实行大中小并举，引进与改造相结合，初加工与精加工相结合，传统工艺与现代技术共同发展的方针。加大对农产品加工企业技术改造、基地建设、新产品开发的支持力度，促进农产品加工业的发展。鼓励企业广泛采用先进技术、设备和工艺，大力发展优势农产品加工、储藏、保鲜、运输和销售。要利用优惠的政策，采取有力的措施，引导和鼓励农村个体私营企业等非公有制企业的发展，调动广大农民对农产品加工的积极性，走产、加、销一体化的路子。

（六）抓好市场信息服务体系建设，搞活农产品流通

加强市场信息服务是推动农产品发展的一项重要工作。在农产品产区有计划地建设一批现代化的秋冬蔬菜、西瓜、棉花等产地批发市场，完善市场交易、检测检验和信息服务等设施，增强服务功能。规范农产品批发市场的运行，引入拍卖机制，采用现代流通手段，推行产品连锁、超市、配送、电子商务等现代流通方式。进一步拓宽农业信息服务领域，继续抓好农业信息“进村入户”工程的建设，推进信息服务网络向农产品产区、龙头企业、中介组织、种植大户和有条件的村延伸，扩大覆盖范围，以信息化促进优势农产品市场化。

（七）多渠道筹集资金，增加对种植业产品和产区基础设施建设的投资

增加投入是有效实施种植业作物区域布局的物质基础。筛选一批优势农产品和特色农产品发展项目，向国家有关部门申报，争取国家支持。产区各级政府要调整农业资金支出结构，增加对农产品产业带和特色农产品主产区基础设施建设和生态环境建设的投资。对现

有农业项目资金进行整合，从 2004 年起农业部门预算向优势产区倾斜。金融部门应加大对农业龙头企业的贷款力度，支持优势农产品收购、营销、加工，帮助优势产区种植大户进行规模生产。引导和鼓励个人、集体和各种经济主体投资农产品生产、加工和流通。加大招商引资力度，吸引境外、省外有实力的农业企业来我区投资落户，共同开发全区特色农产品。

（八）切实加强对实施种植业作物区域布局工作的领导，加大抓落实的工作力度

加强领导是顺利实施种植业作物区域布局的根本保证。各级农业部门要按照本规划的精神和要求，强化抓落实的工作责任感，明确职能分工，分解工作责任，形成抓落实的整体合力，加强协调，精心组织，一抓到底。在推进优势农产品产业带和地方特色农产品主产区建设中，要发挥规划的导向作用，按自然规律和市场规律办事。坚持党在农村的基本政策，稳定和完善农村土地承包关系，认真清理农产品生产、流通环节等不合理的收费规定，对优势农产品的开发实施减税政策。尊重广大农民的意愿和生产经营自主权，不搞强迫命令、一刀切。没有纳入本规划范围的品种和地区，各地要参照推进特色农产品区域布局的思路、原则，研究制定相关扶持措施，加快特色农业发展。各级农业部门要积极争取本级计划、财政、金融、外贸等部门的支持，密切配合，共同抓好规划各项实施工作，尽快见到成效。

附录　耕地地力评价成果图件

东昌府区耕地地力评价等级图

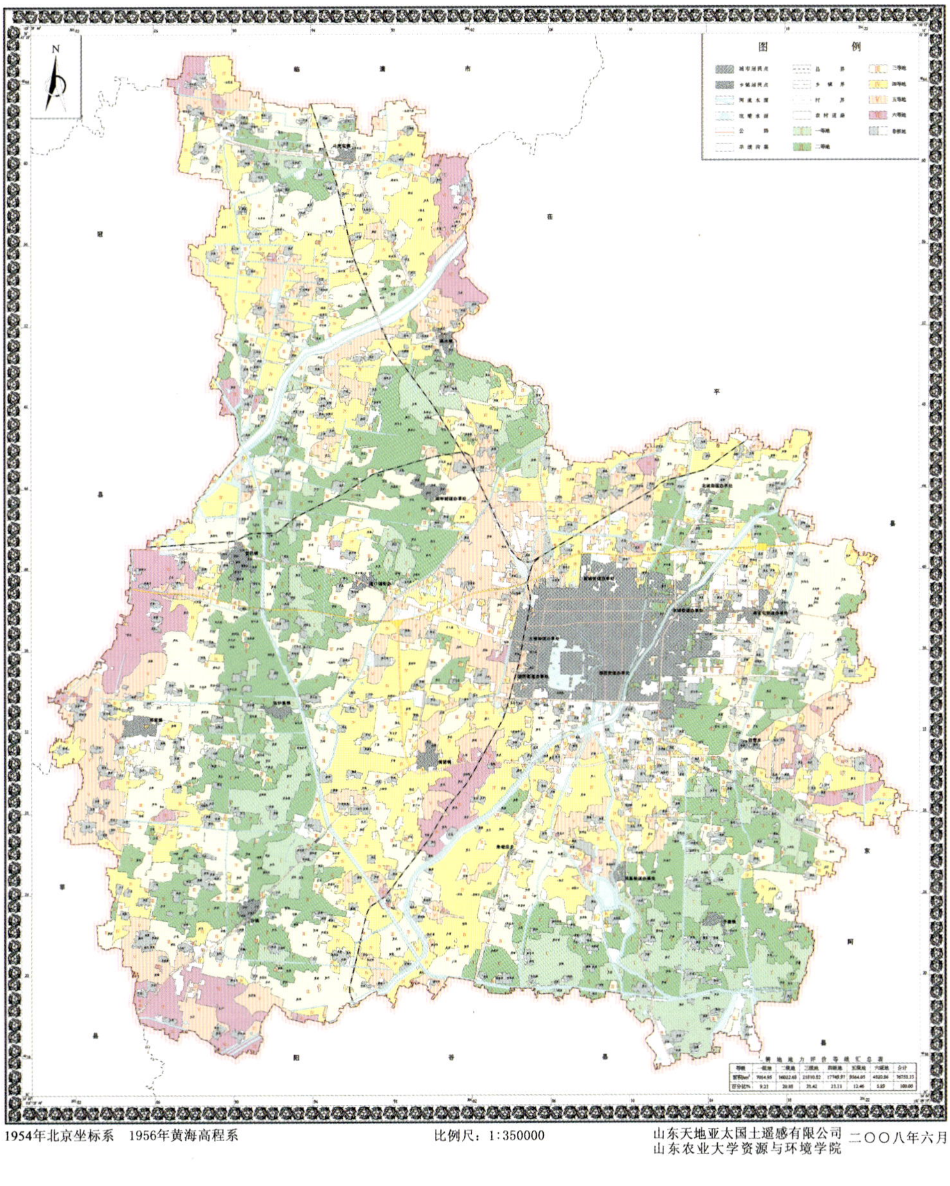

1954年北京坐标系　1956年黄海高程系　　比例尺：1:350000　　山东天地亚太国土遥感有限公司　山东农业大学资源与环境学院　二〇〇八年六月

东昌府区土壤图

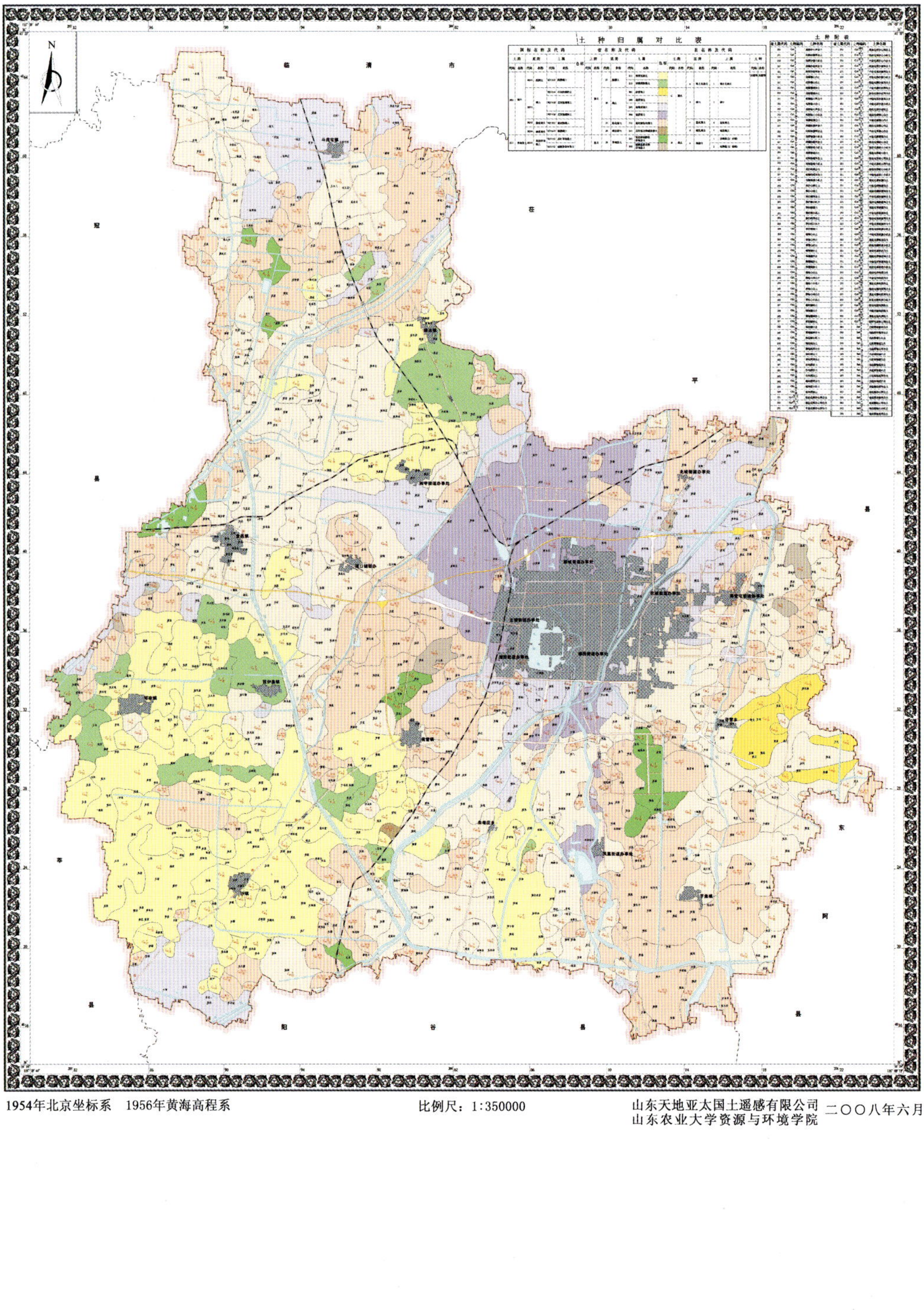

1954年北京坐标系　1956年黄海高程系　　　　比例尺：1:350000　　　　山东天地亚太国土遥感有限公司
山东农业大学资源与环境学院　二〇〇八年六月

东昌府区土地利用现状图

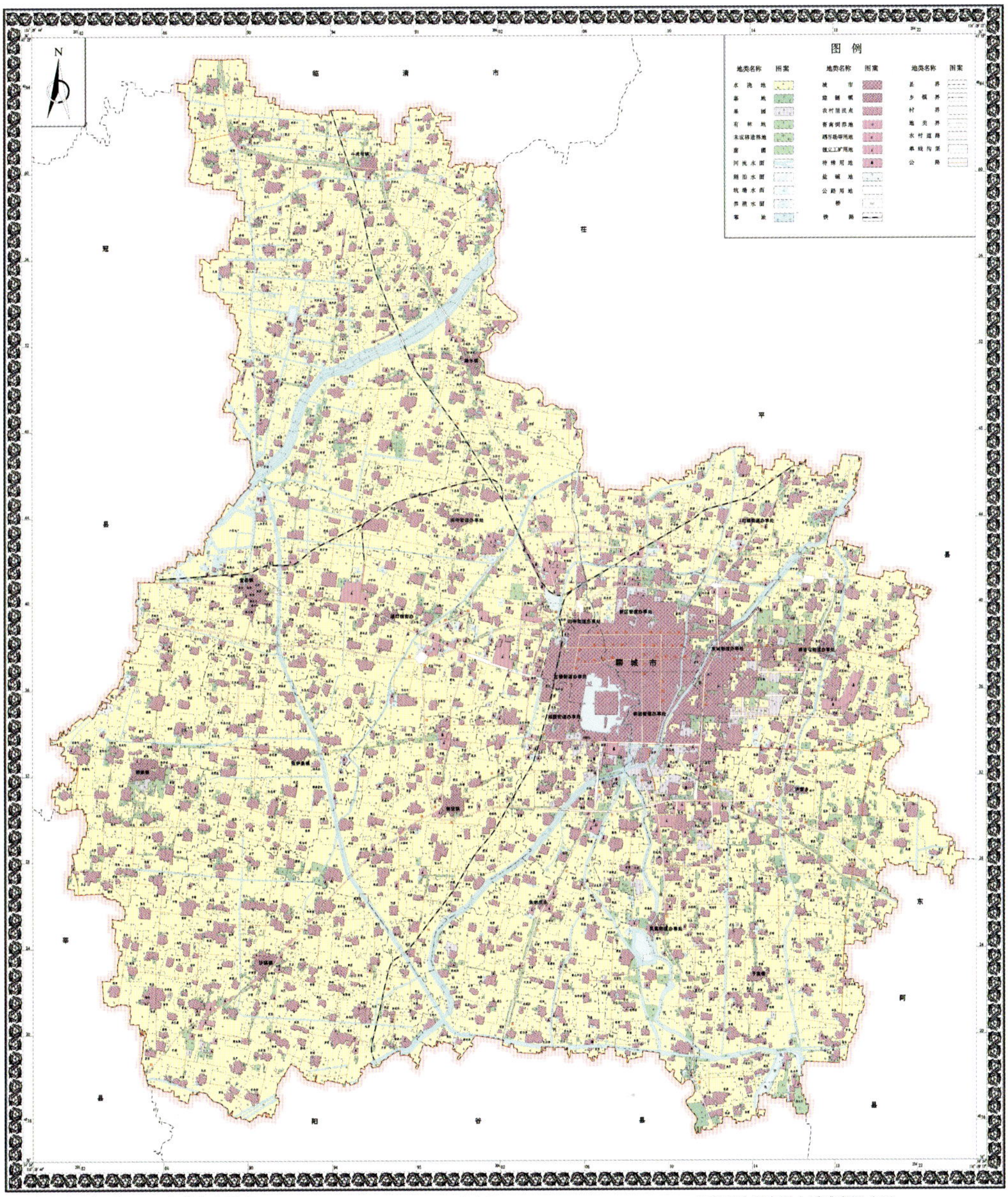

1954年北京坐标系 1956年黄海高程系

比例尺：1:350000

山东天地亚太国土遥感有限公司
山东农业大学资源与环境学院 二〇〇八年六月

东昌府区地貌图

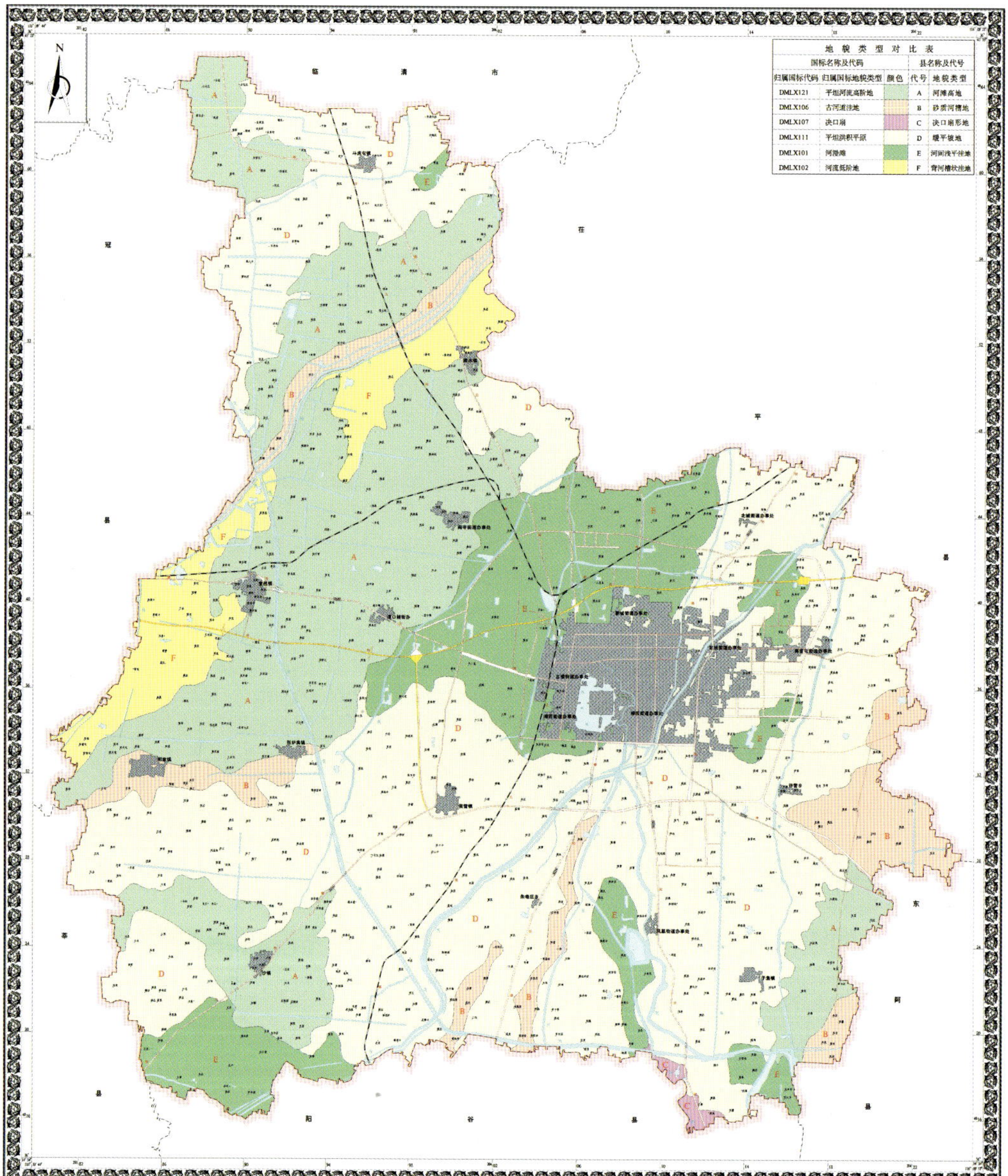

1954年北京坐标系　1956年黄海高程系　　比例尺：1∶350000

山东天地亚太国土遥感有限公司
山东农业大学资源与环境学院　二〇〇八年六月

东昌府区灌溉分区图

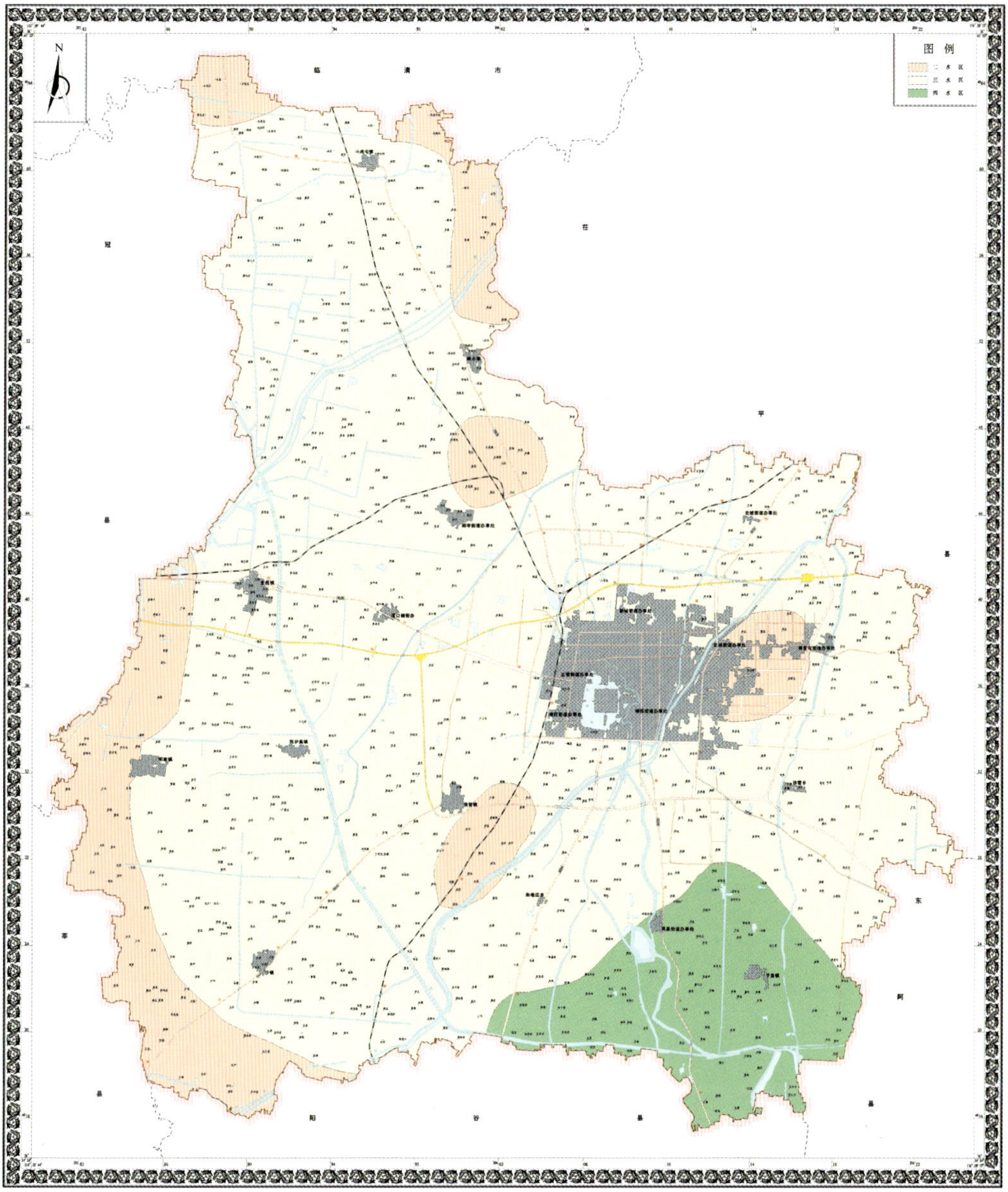

1954年北京坐标系　1956年黄海高程系　　比例尺：1:350000　　山东天地亚太国土遥感有限公司　山东农业大学资源与环境学院　二〇〇八年六月

东昌府区耕地地力调查点点位图

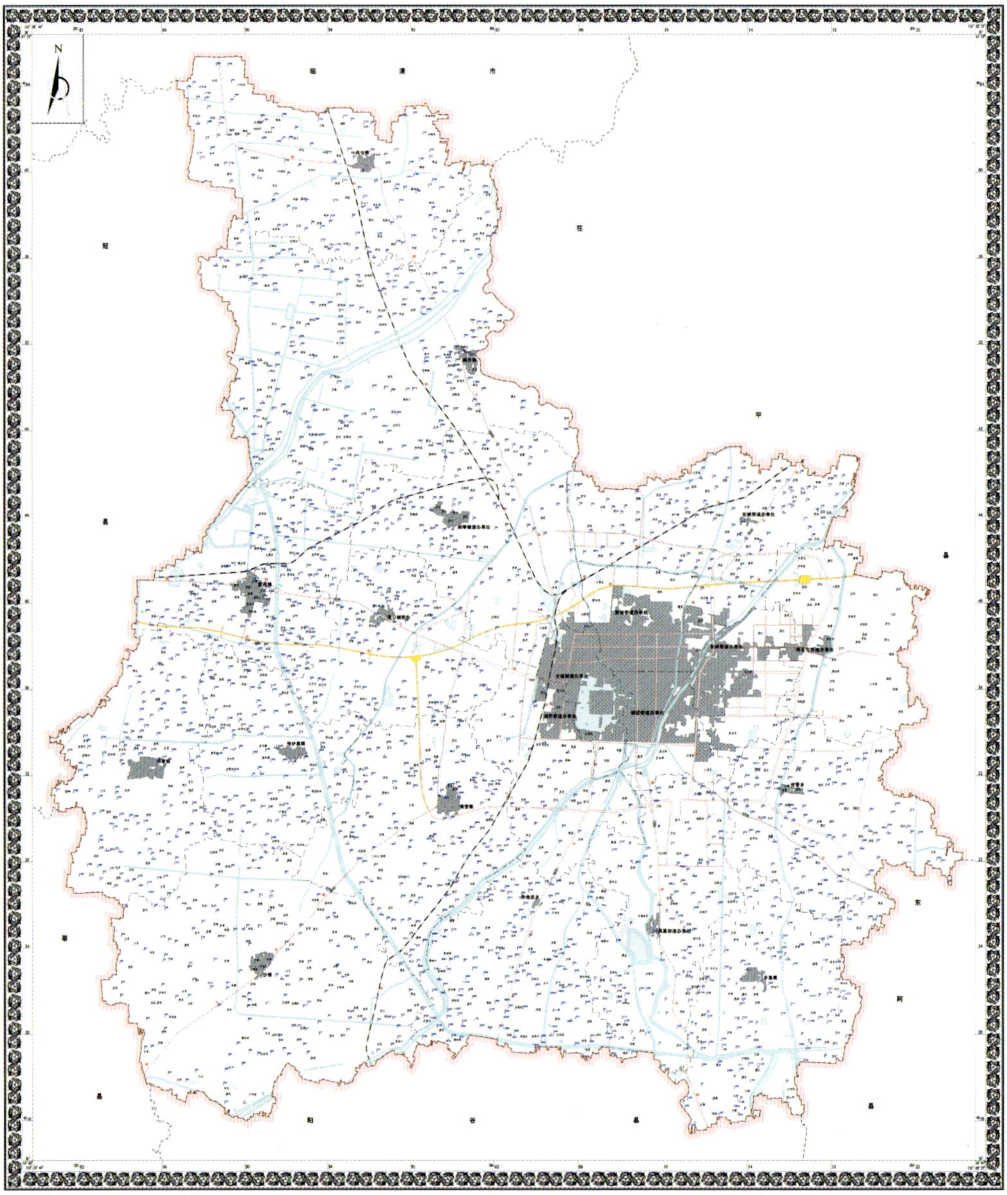

1954年北京坐标系　1956年黄海高程系　　比例尺：1∶350000　　山东天地亚太国土遥感有限公司　山东农业大学资源与环境学院　二〇〇八年六月

东昌府区矿化度含量分布图

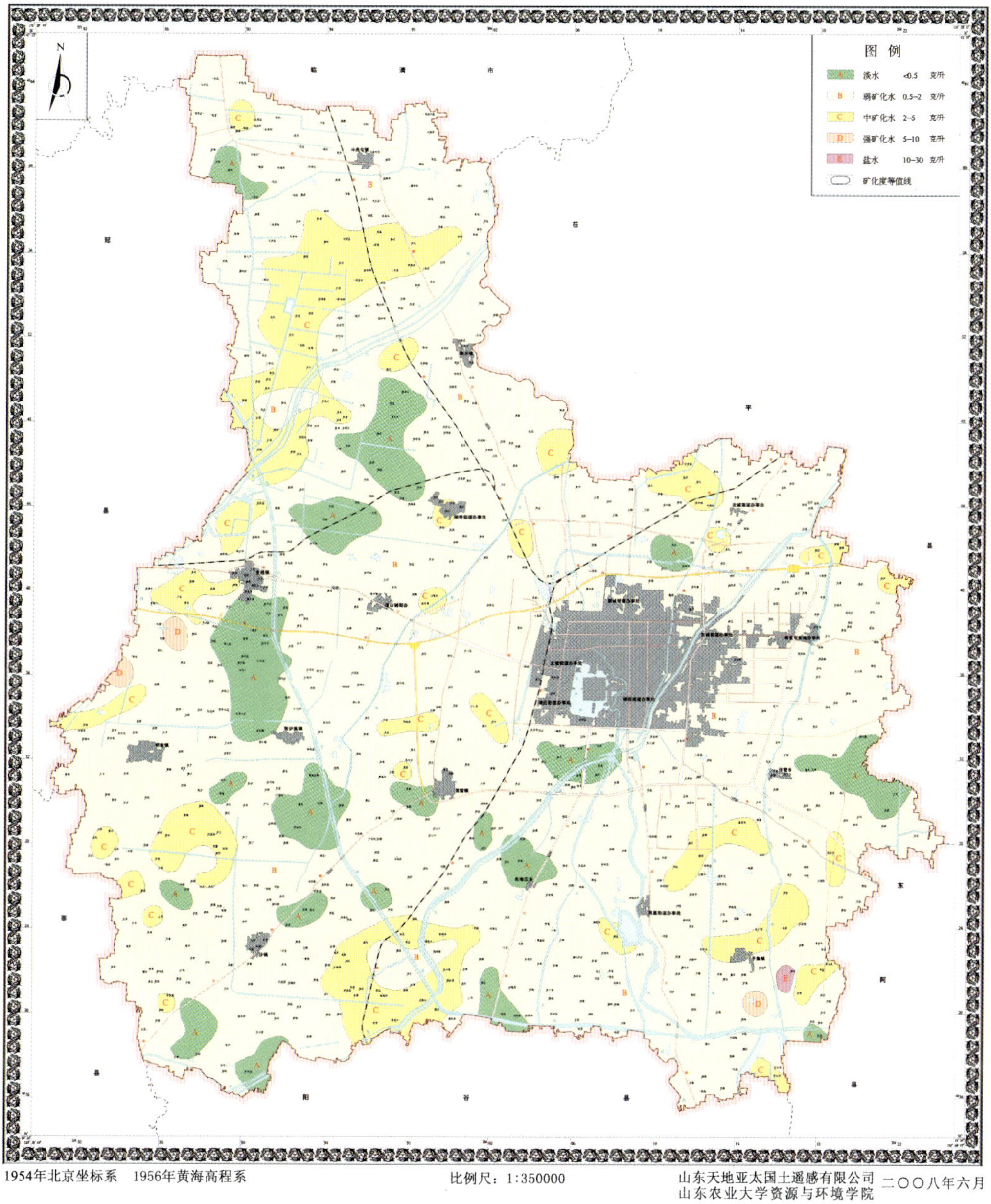

1954年北京坐标系 1956年黄海高程系 比例尺：1:350000 山东天地亚太国土遥感有限公司 山东农业大学资源与环境学院 二〇〇八年六月

东昌府区土壤pH分布图

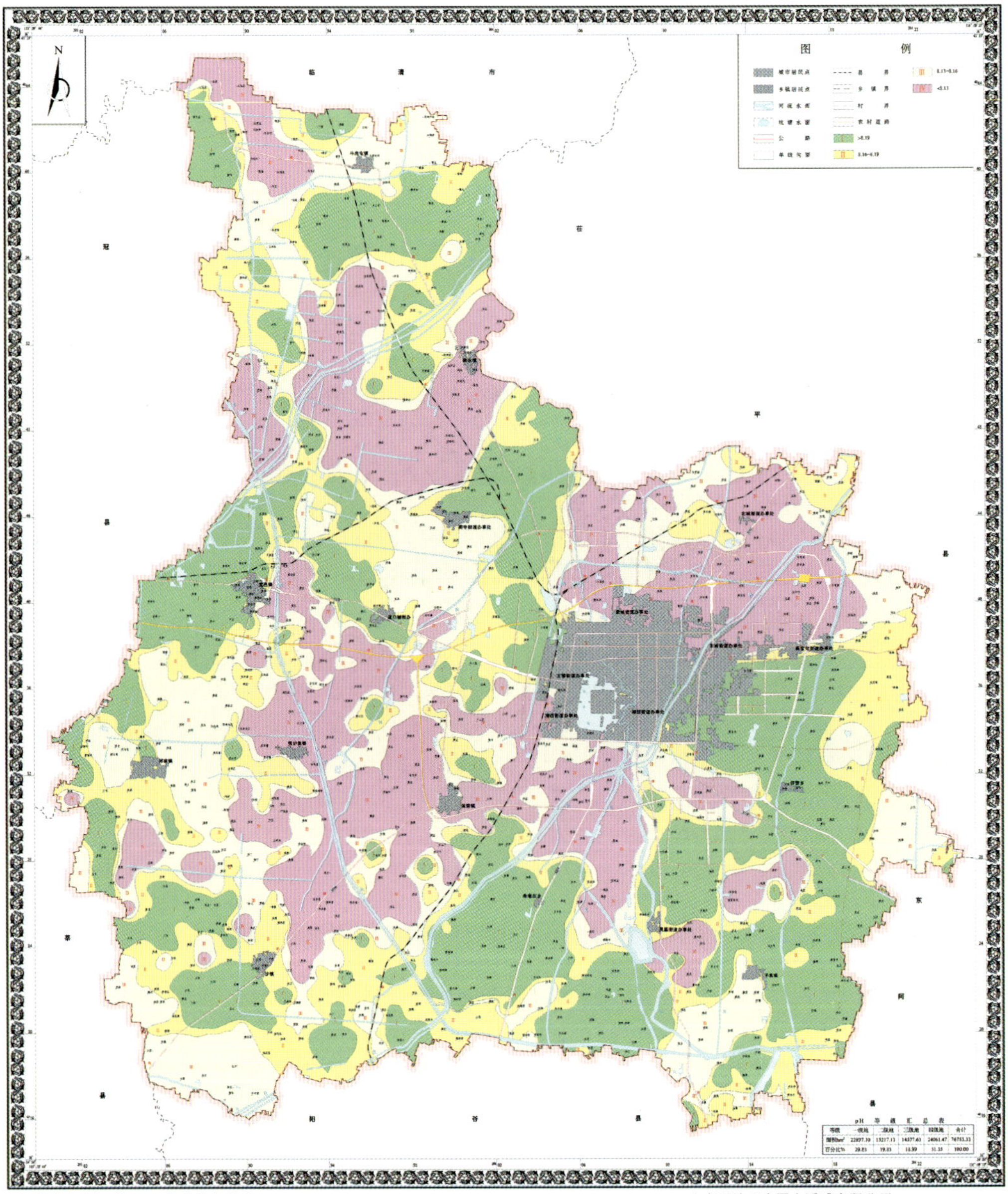

1954年北京坐标系　1956年黄海高程系　　　比例尺：1:350000　　　山东天地亚太国土遥感有限公司　山东农业大学资源与环境学院　二〇〇八年六月

东昌府区土壤有机质含量分布图

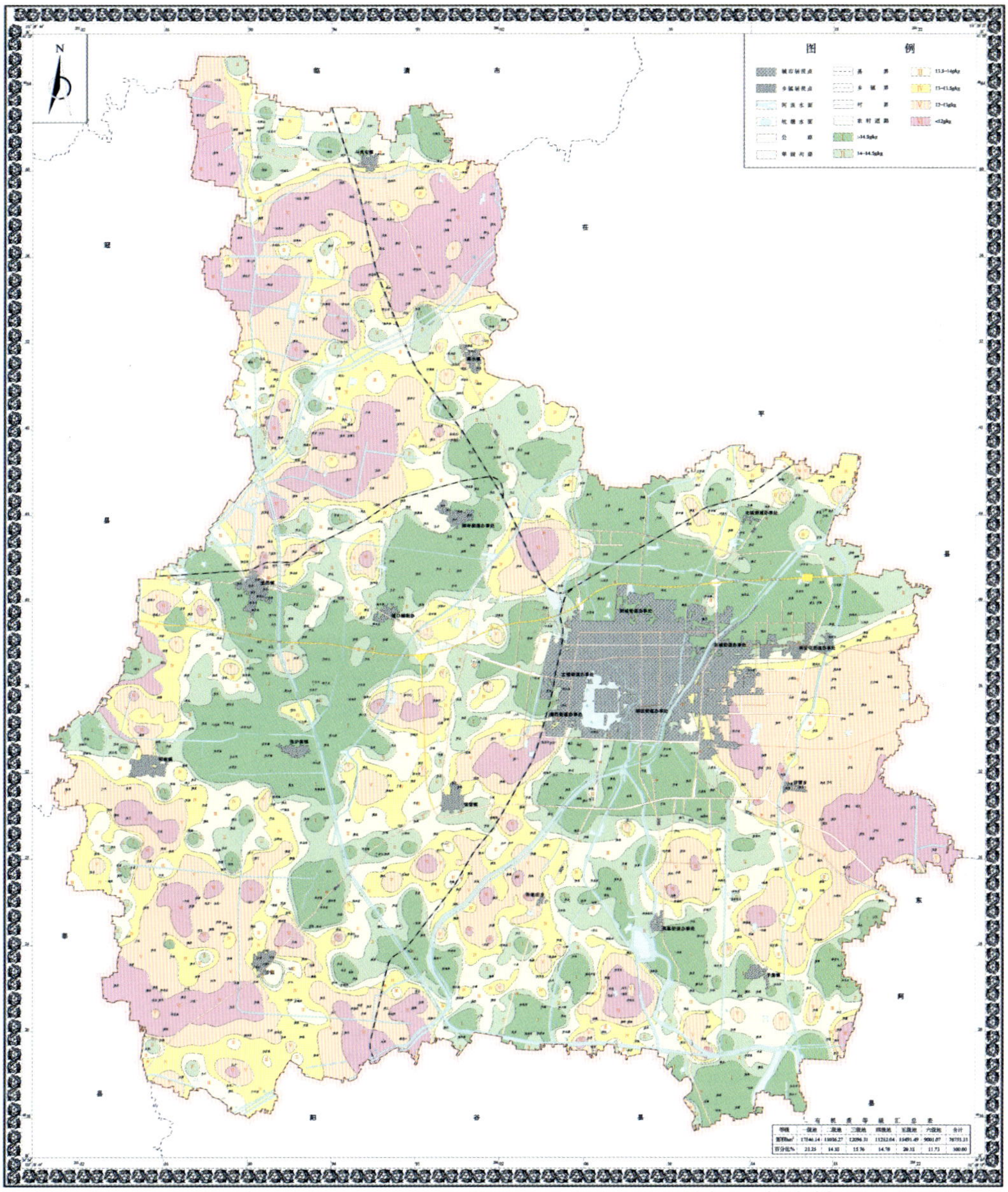

1954年北京坐标系 1956年黄海高程系　　比例尺：1:350000

山东天地亚太国土遥感有限公司
山东农业大学资源与环境学院　二〇〇八年六月

东昌府区土壤全氮含量分布图

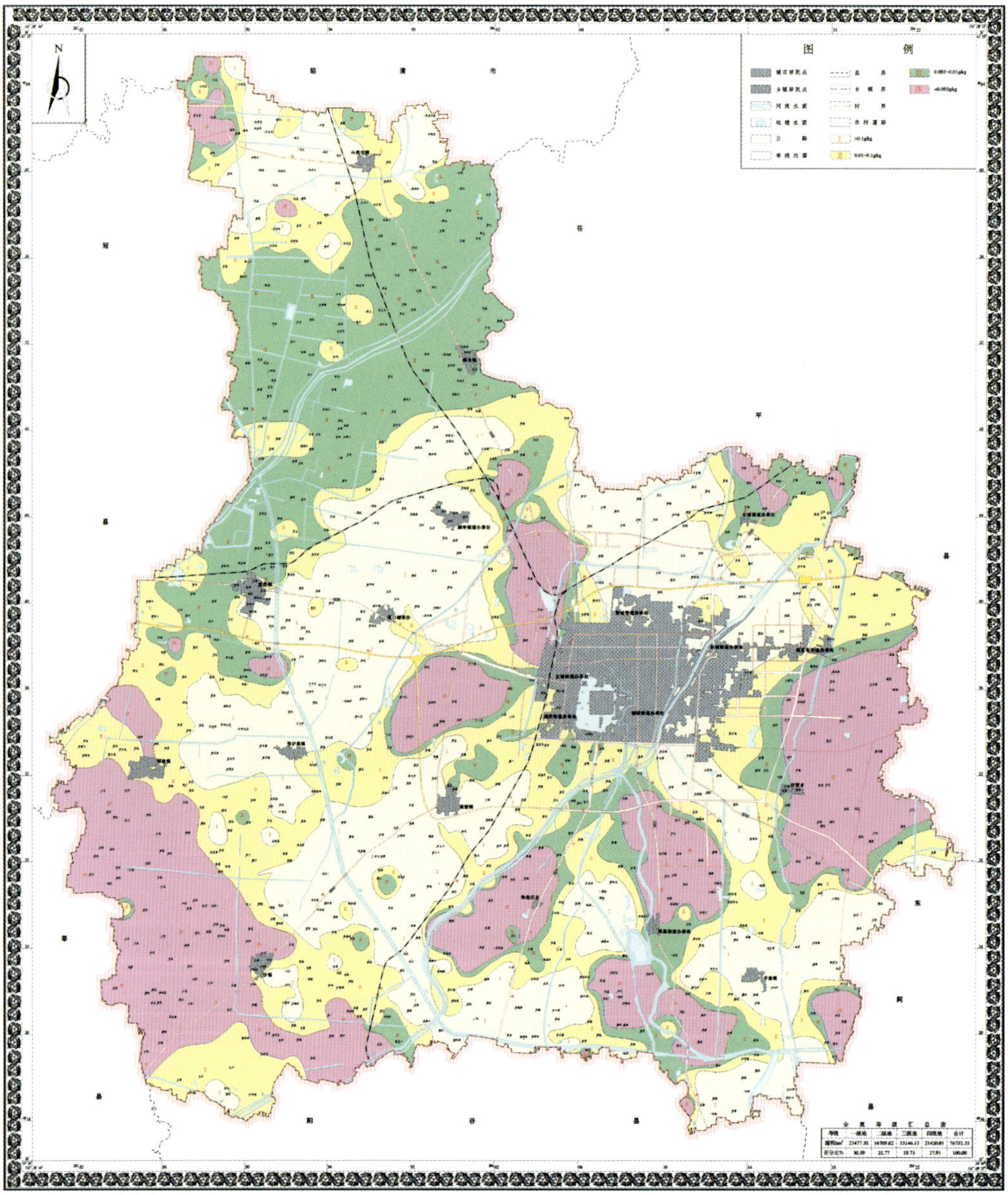

等级	一级地	二级地	三级地	四级地	合计
面积hm²	23477.55	16709.62	15146.13	21420.01	76753.33
百分比%	30.59	21.77	19.73	27.91	100.00

1954年北京坐标系　1956年黄海高程系　　比例尺：1:350000　　山东天地亚太国土遥感有限公司
山东农业大学资源与环境学院　二〇〇八年六月

东昌府区土壤水解氮含量分布图

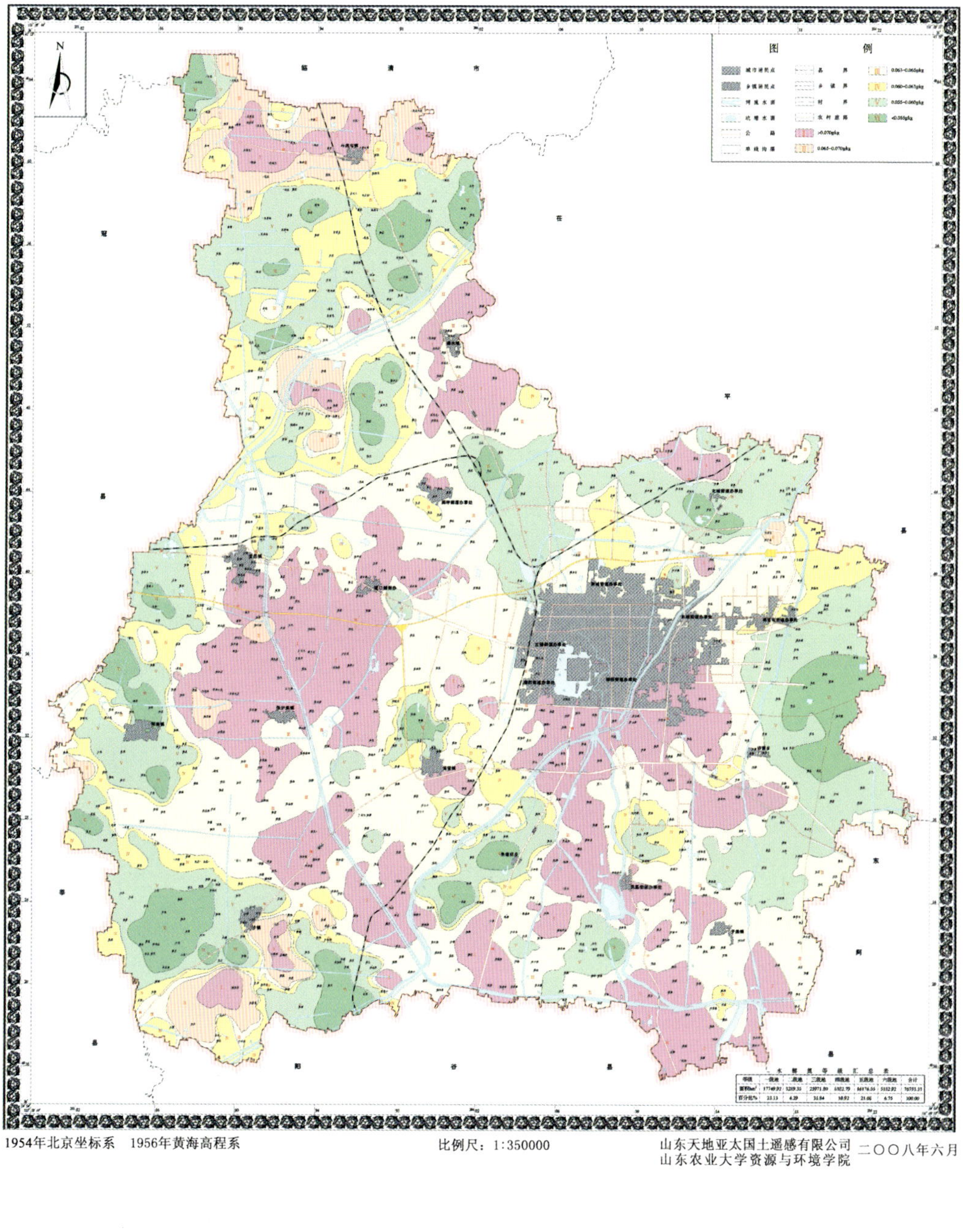

1954年北京坐标系 1956年黄海高程系

比例尺：1∶350000

山东天地亚太国土遥感有限公司
山东农业大学资源与环境学院
二〇〇八年六月

东昌府区土壤有效磷含量分布图

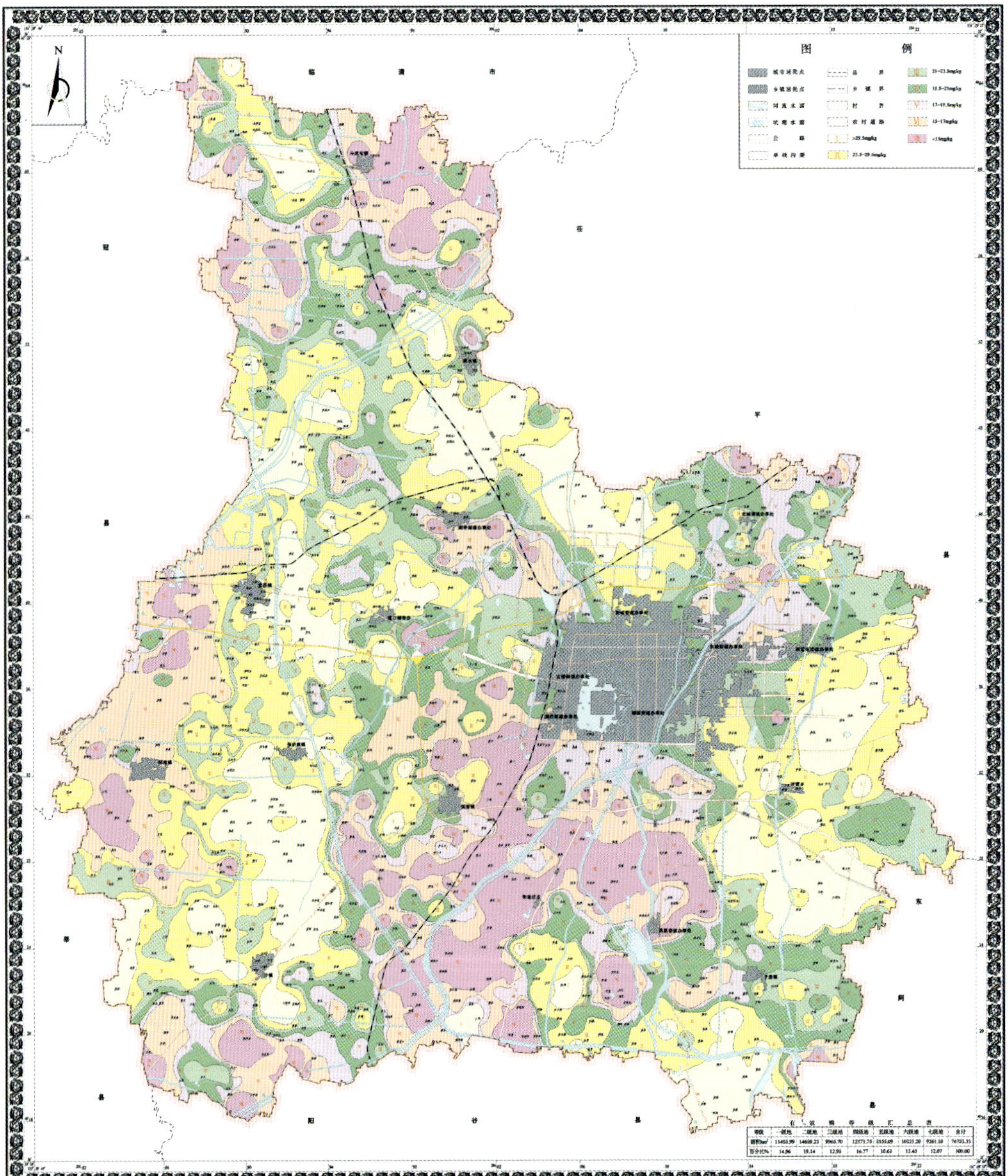

1954年北京坐标系 1956年黄海高程系

比例尺：1:350000

山东天地亚太国土遥感有限公司
山东农业大学资源与环境学院
二〇〇八年六月

东昌府区土壤有效钙含量分布图

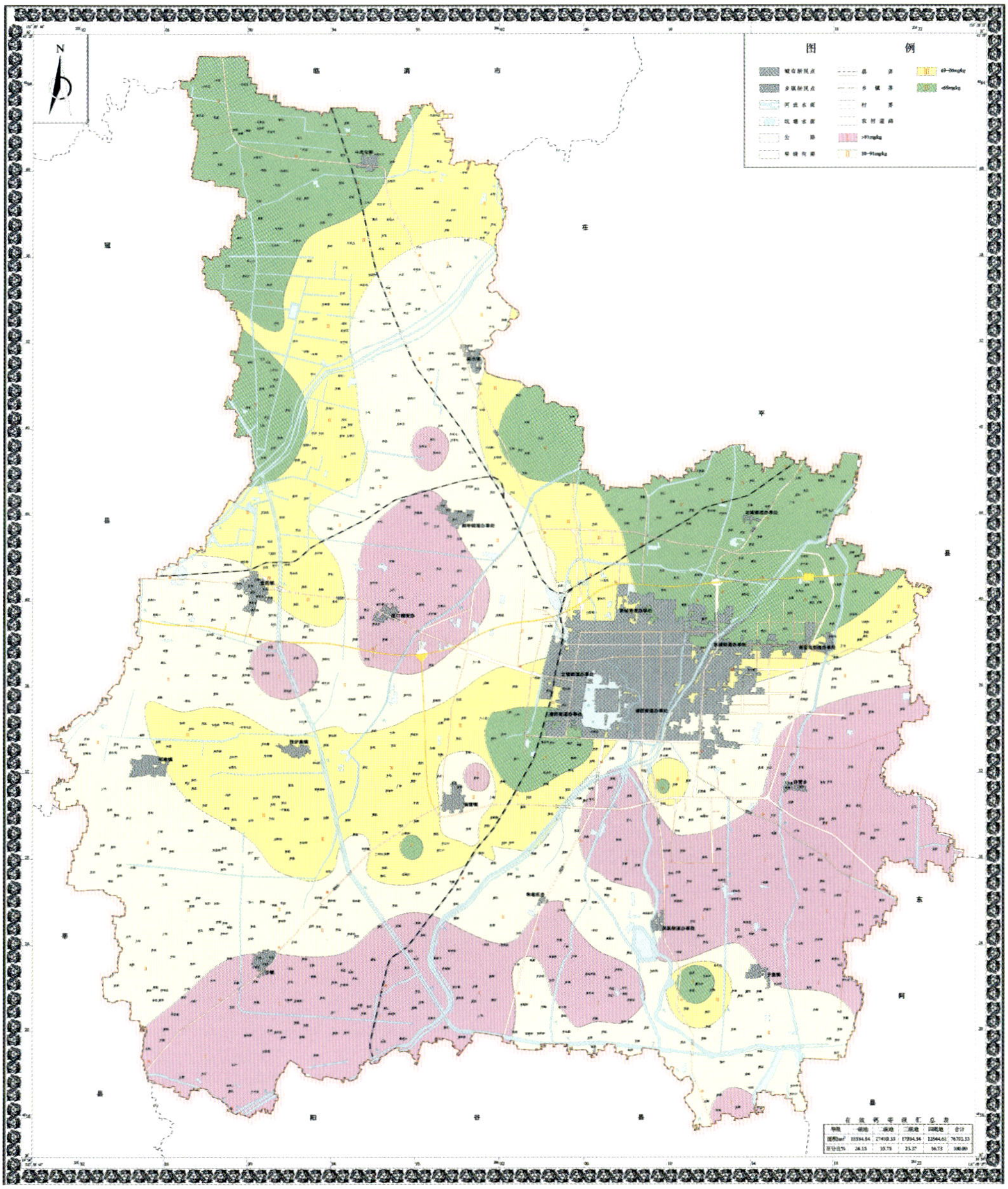

1954年北京坐标系　1956年黄海高程系　　比例尺：1:350000　　山东天地亚太国土遥感有限公司　山东农业大学资源与环境学院　二〇〇八年六月

东昌府区土壤有效镁含量分布图

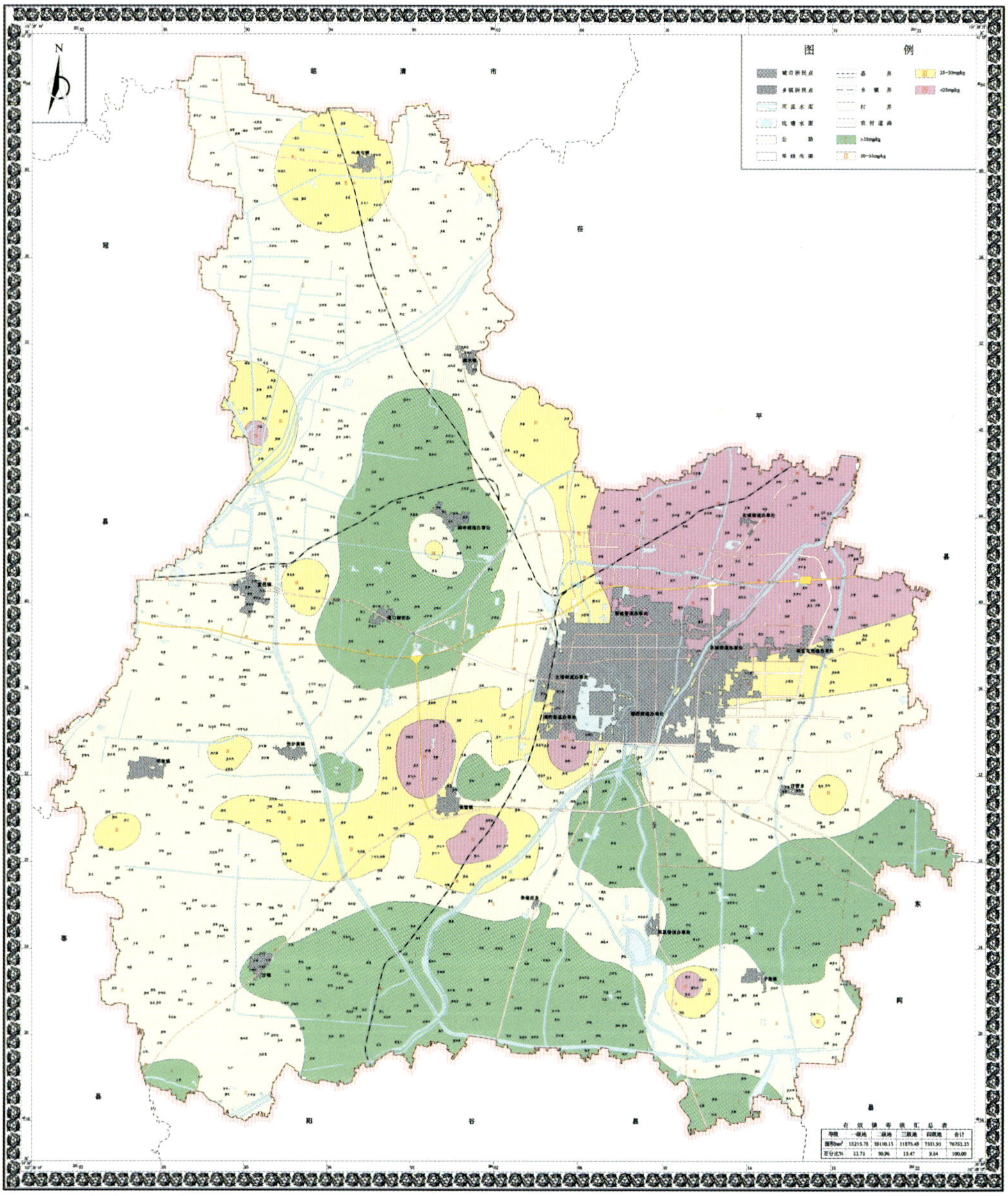

1954年北京坐标系　1956年黄海高程系

比例尺：1:350000

山东天地亚太国土遥感有限公司
山东农业大学资源与环境学院
二〇〇八年六月

东昌府区土壤有效铜含量分布图

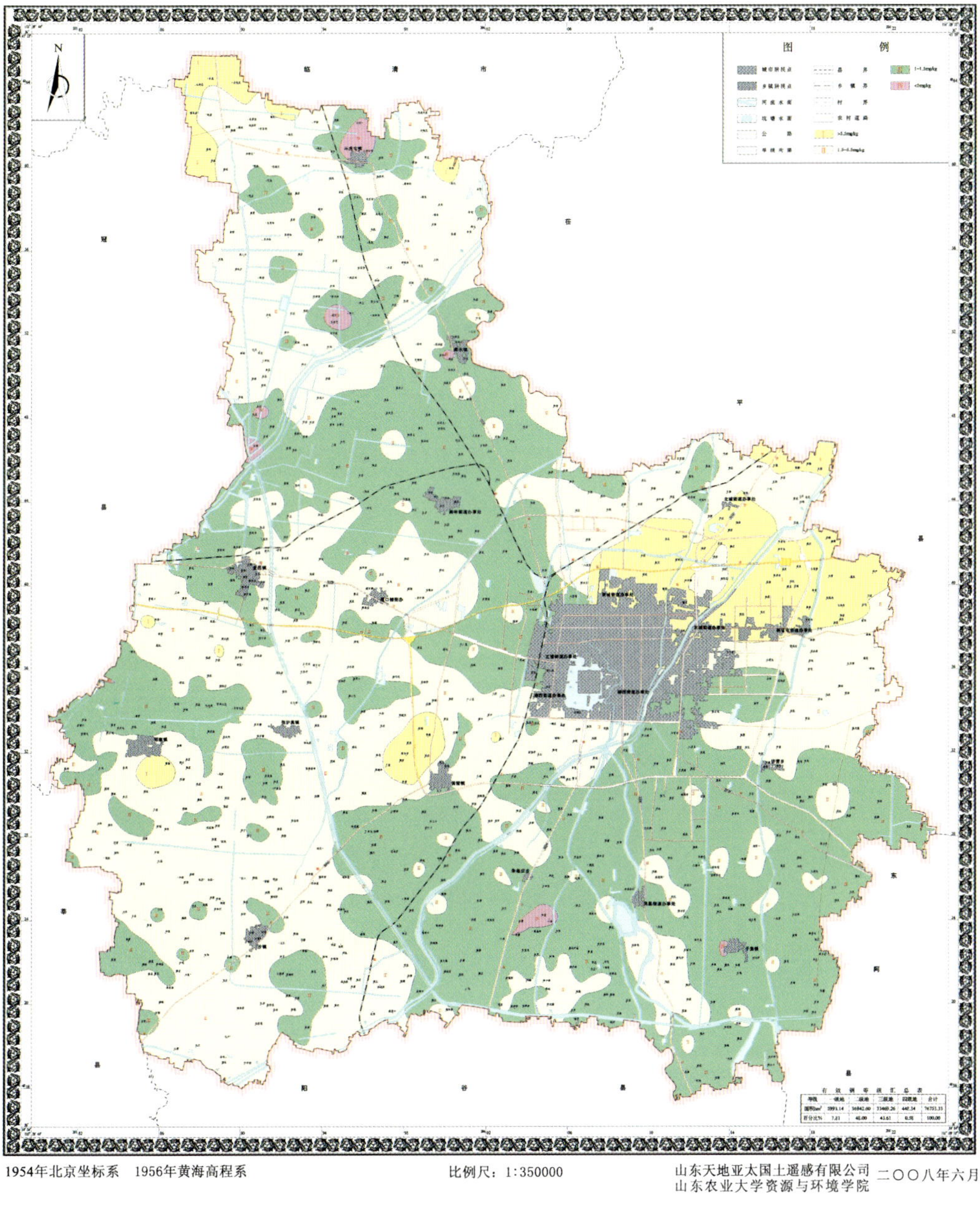

1954年北京坐标系　1956年黄海高程系　　比例尺：1:350000　　山东天地亚太国土遥感有限公司　山东农业大学资源与环境学院　二〇〇八年六月

东昌府区土壤有效锌含量分布图

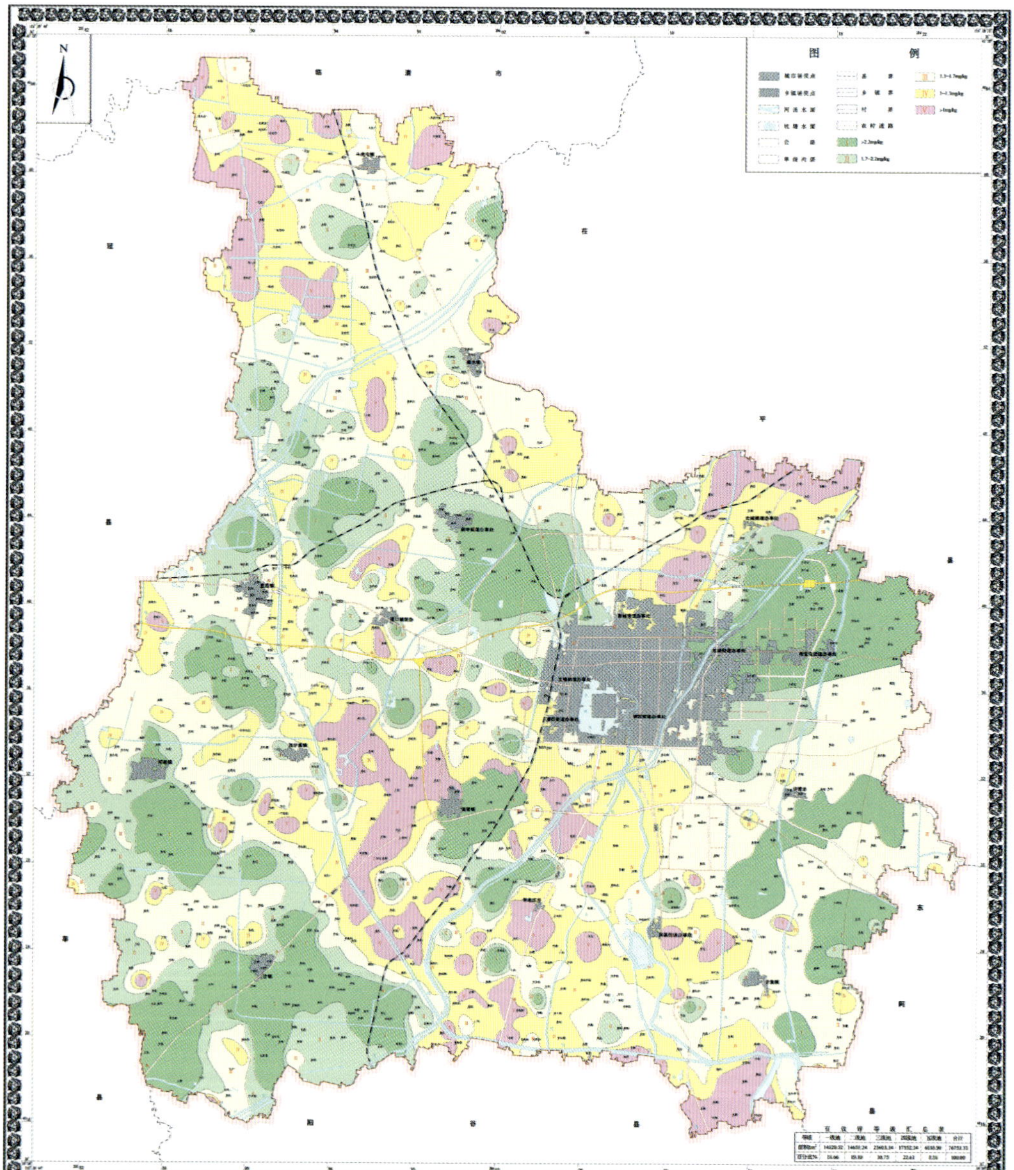

1954年北京坐标系　1956年黄海高程系

比例尺：1:350000

山东天地亚太国土遥感有限公司
山东农业大学资源与环境学院　二〇〇八年六月

东昌府区土壤有效铁含量分布图

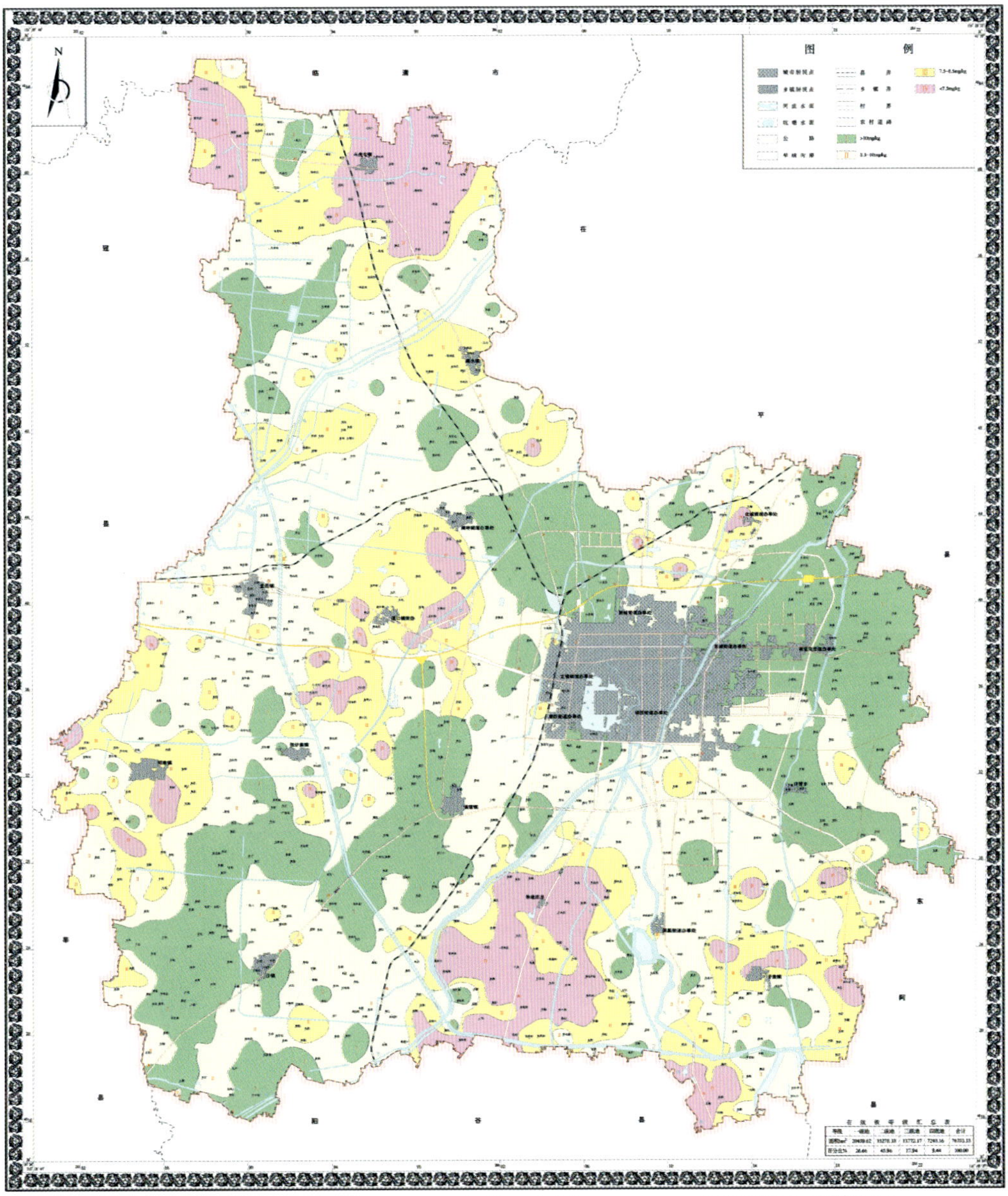

1954年北京坐标系　1956年黄海高程系　　比例尺：1:350000　　山东天地亚太国土遥感有限公司
山东农业大学资源与环境学院　二〇〇八年六月

东昌府区土壤有效锰含量分布图

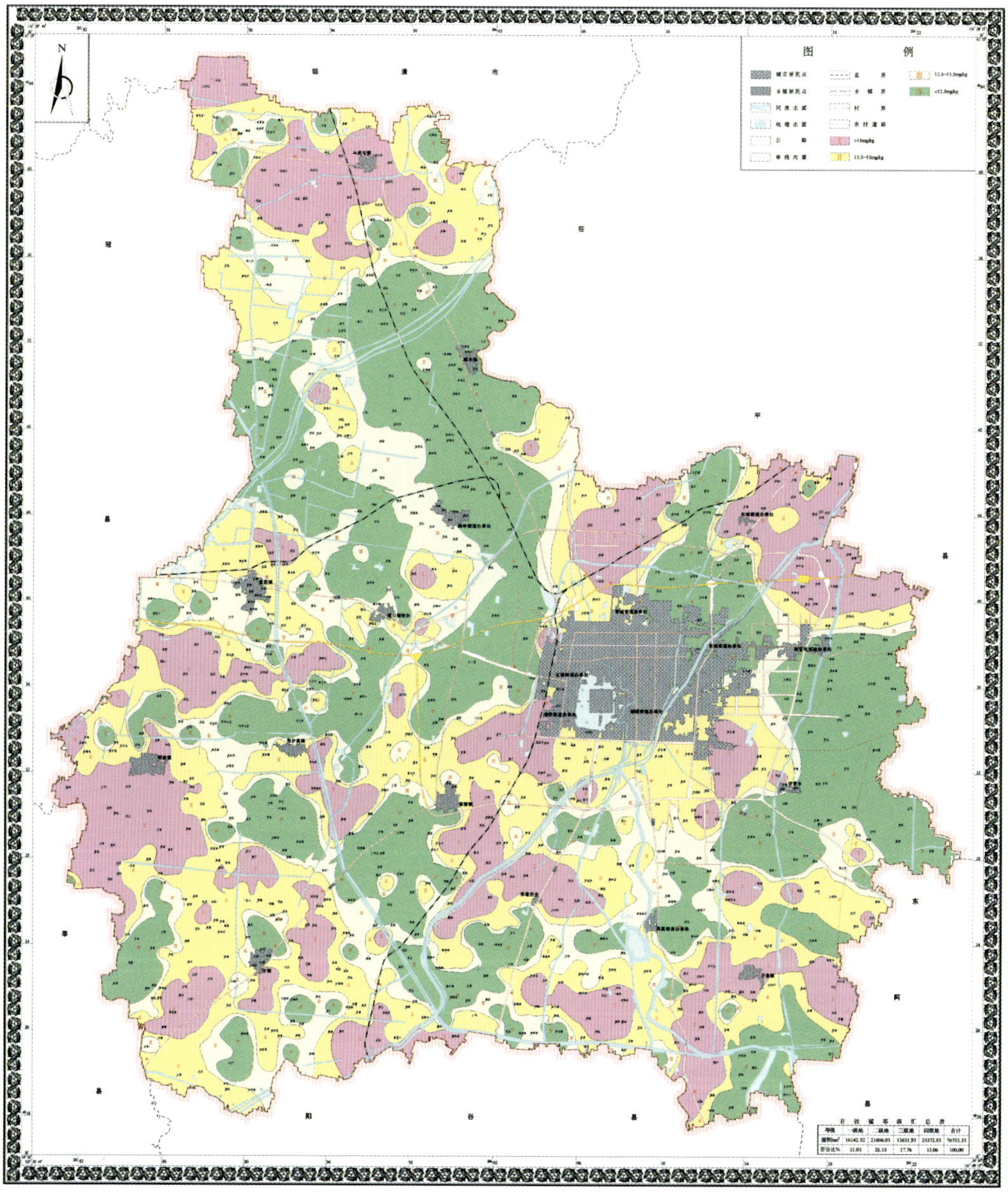

有效锰等级汇总表

等级	一级地	二级地	三级地	四级地	合计
面积hm²	16142.52	21606.05	13631.93	25372.83	76753.33
百分比%	21.03	28.15	17.76	33.06	100.00

1954年北京坐标系　1956年黄海高程系

比例尺：1:350000

山东天地亚太国土遥感有限公司
山东农业大学资源与环境学院
二〇〇八年六月

东昌府区土壤有效硼含量分布图

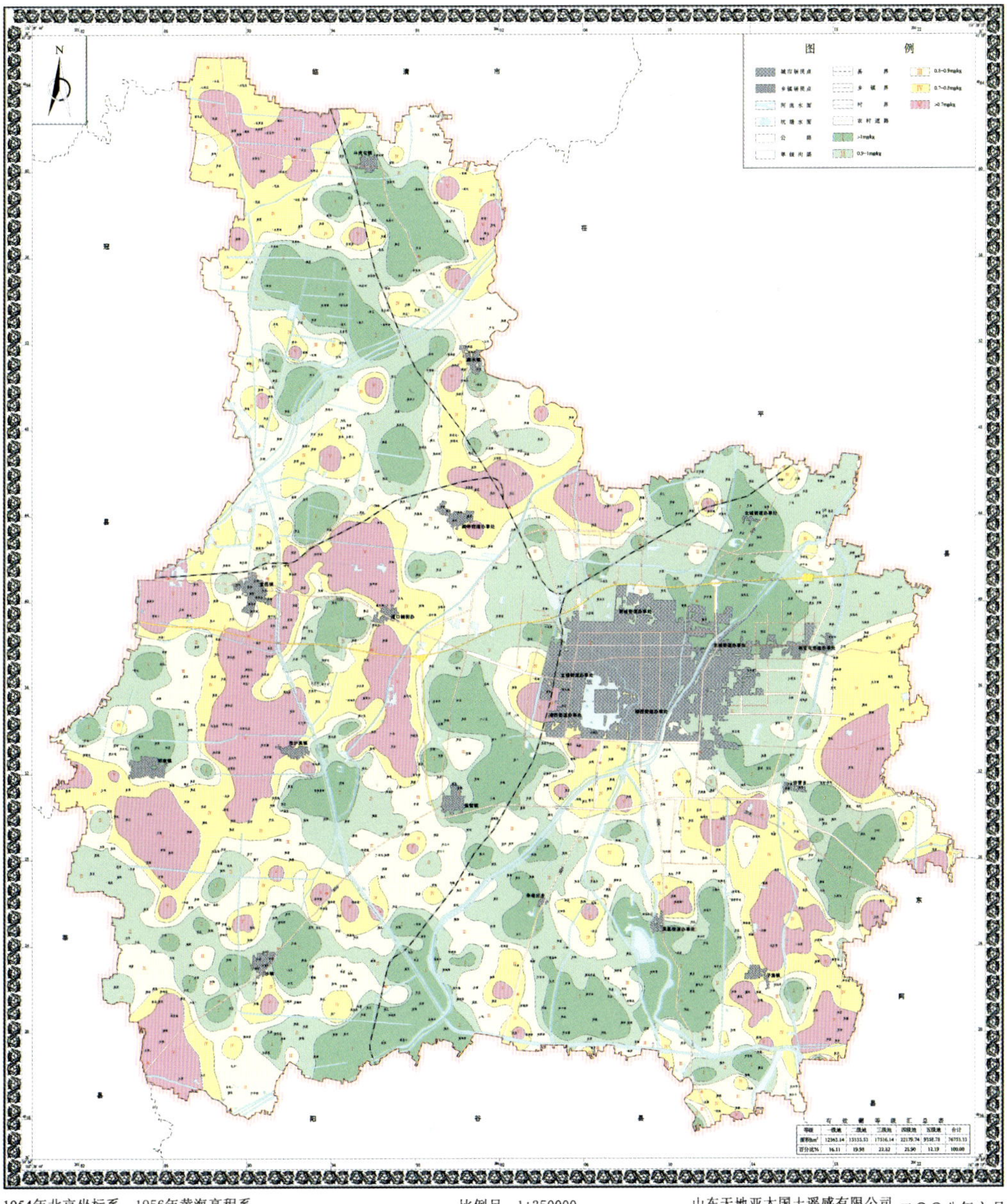

1954年北京坐标系　1956年黄海高程系　　比例尺：1:350000　　山东天地亚太国土遥感有限公司　山东农业大学资源与环境学院　二〇〇八年六月

东昌府区土壤有效硫含量分布图

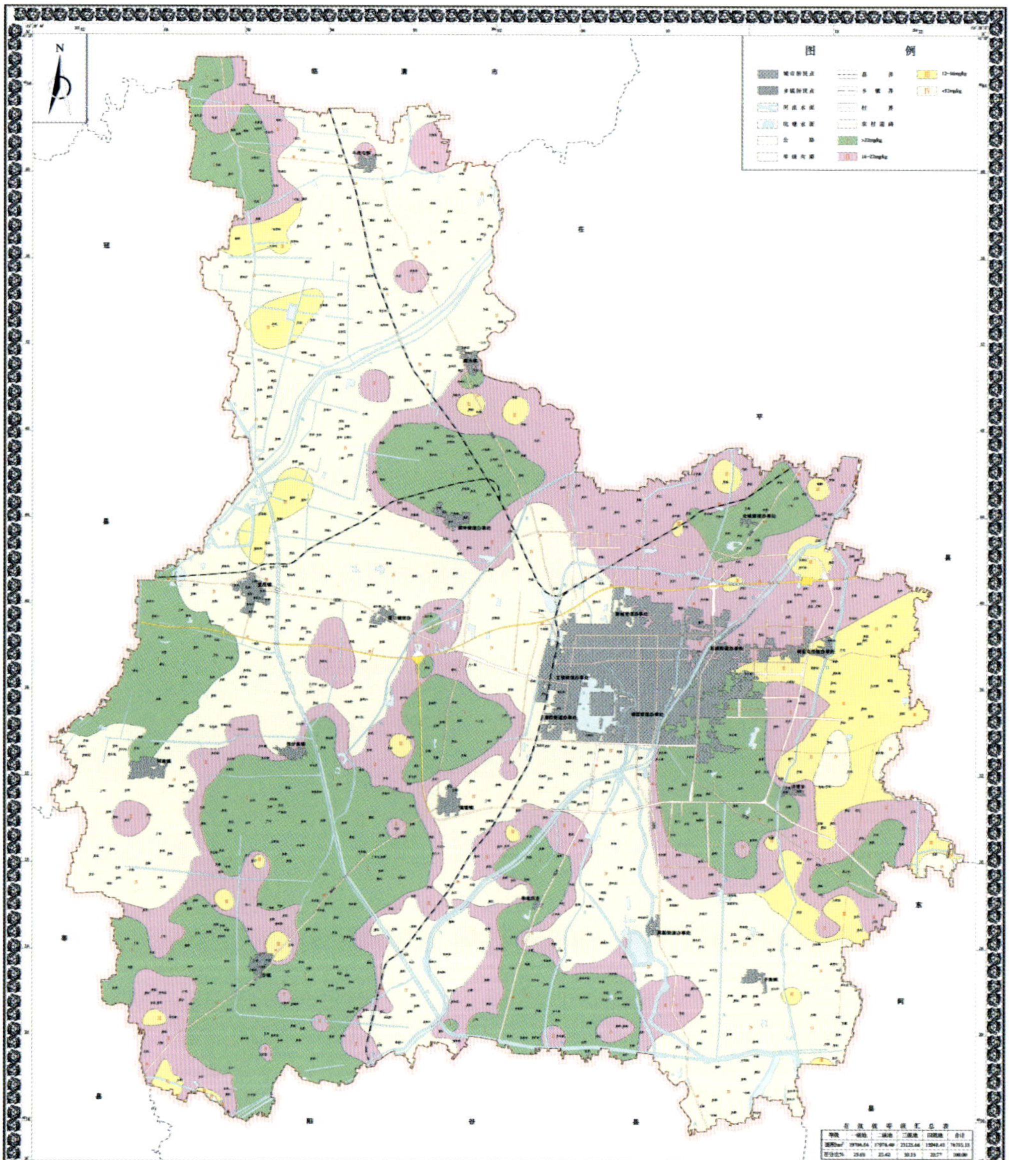

1954年北京坐标系　1956年黄海高程系　　比例尺：1:350000　　山东天地亚太国土遥感有限公司　山东农业大学资源与环境学院　二〇〇八年六月

东昌府区土壤速效钾含量分布图

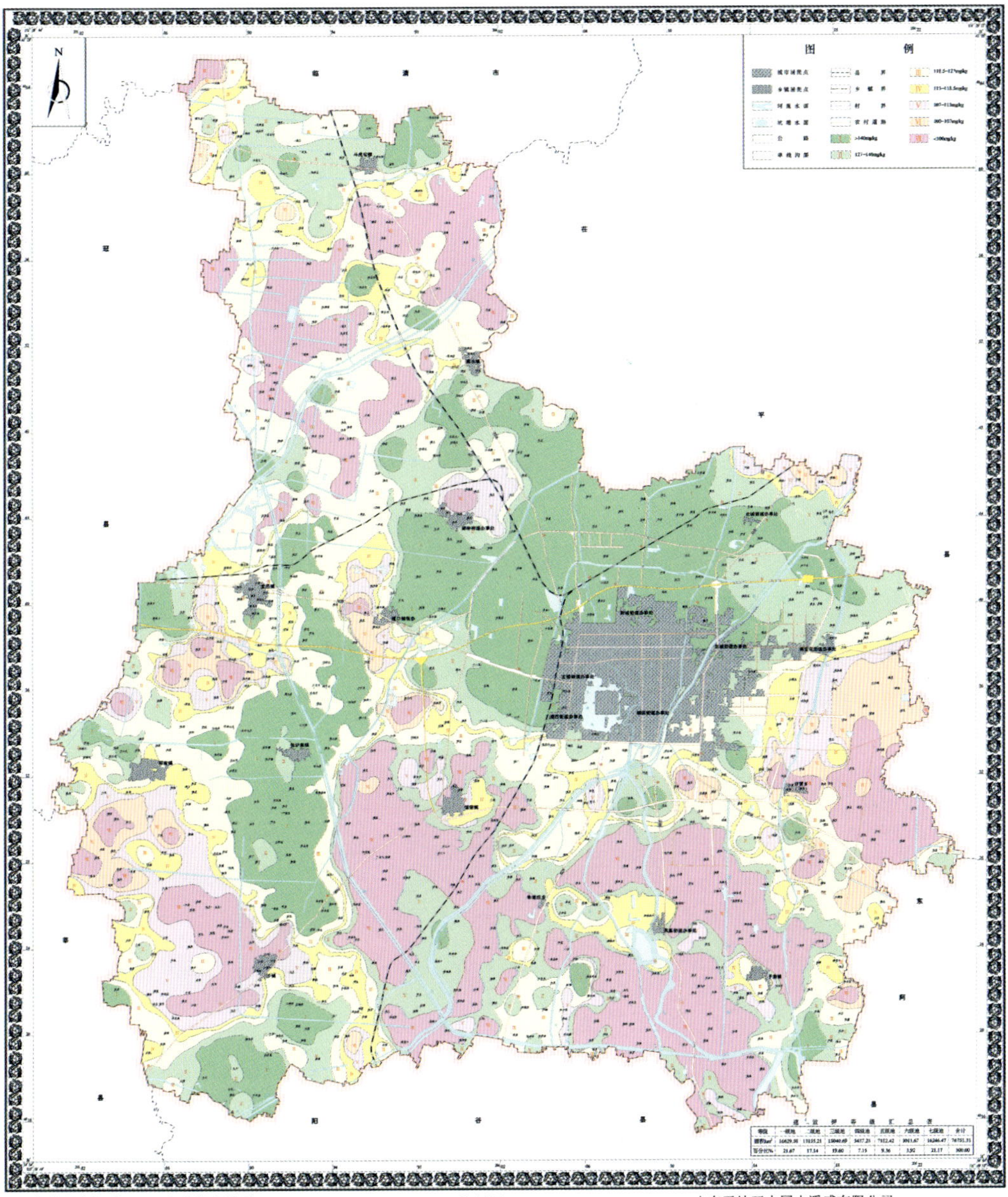

1954年北京坐标系　1956年黄海高程系　　比例尺：1:350000　　山东天地亚太国土遥感有限公司　山东农业大学资源与环境学院　二〇〇八年六月

东昌府区土壤缓效钾含量分布图

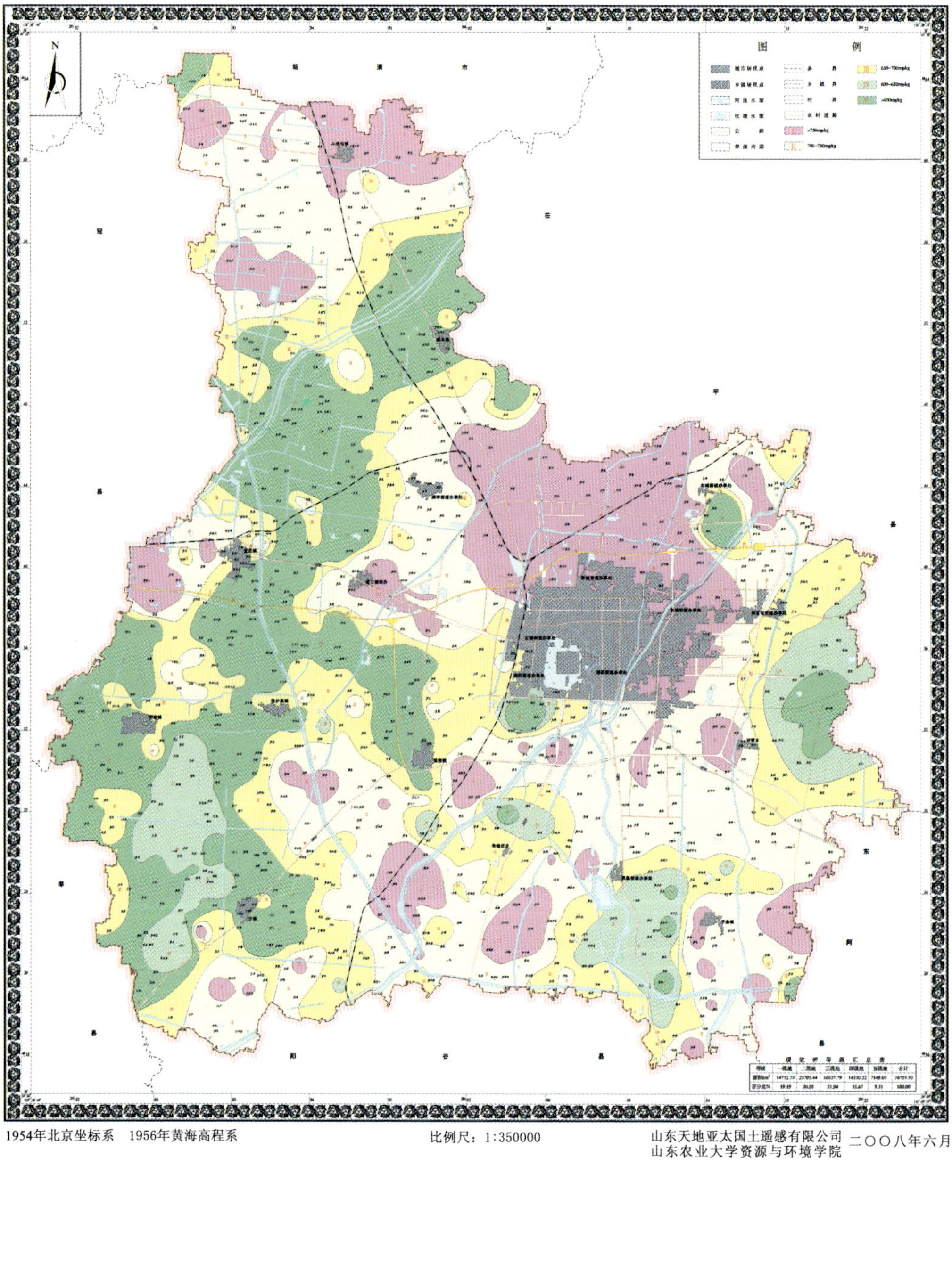

1954年北京坐标系　1956年黄海高程系

比例尺：1:350000

山东天地亚太国土遥感有限公司
山东农业大学资源与环境学院

二〇〇八年六月

参考文献

[1] 聊城县农业区划委员会办公室:《聊城县农业资源调查和农业区划报告》,内部资料,1982 年。

[2] 聊城地区土壤普查办公室:《聊城县土壤普查总结报告》,内部资料,1980 年。

[3] 聊城市土地资源调查办公室:《山东省聊城市土地资源调查报告》,内部资料,1990 年。

[4] 山东省土壤肥料工作站主编:《山东土种志》,农业出版社 1993 年版。

[5] 山东省聊城地区土壤肥料工作站:《聊城地区土壤》,内部资料,1987 年。

[6] 山东省土壤肥料工作站主编:《山东土壤》,中国农业出版社 1994 年版。

[7] 张炳宁、彭世琪等主编:《县域耕地资源管理信息系统数据字典》,中国农业出版社 2004 年版。

[8] 施洪云、李友忠主编:《山东土壤基层分类与应用》,中国林业出版社 1995 年版。

[9] 杨彦程主编:《农业测土配方施肥工作务实全书》,银声音像出版社 2005 年版。

[10] 全国农业技术推广服务中心主编:《土壤分析技术规范》,中国农业出版社 2006 年版。

图书在版编目(CIP)数据

东昌府耕地/姜新，段法尧主编. —济南：山东大学出版社，2012.11
ISBN 978-7-5607-4694-4

Ⅰ. ①东…
Ⅱ. ①姜… ②段…
Ⅲ. ①区(城市)—耕作土壤—土壤肥力—土壤调查—聊城市 ②区(城市)—耕作土壤—土壤评价—聊城市
Ⅳ. ①S159.252.3 ②S158

中国版本图书馆 CIP 数据核字(2012)第 266992 号

策划编辑：赵 岩
责任编辑：耿 斐
封面设计：张 荔

出版发行：山东大学出版社
社 址 山东省济南市山大南路 20 号
邮 编 250100
电 话 市场部(0531)88364466
经 销：山东省新华书店
印 刷：山东鸿杰印务集团有限公司印刷
规 格：787 毫米×1092 毫米 1/16
9 印张 12 插页 225 千字
版 次：2012 年 11 月第 1 版
印 次：2012 年 11 月第 1 次印刷
定 价：36.00 元